Carl-Auer

W0074904

Für Luise

Matthias Ehlert

HOME OFFICE

Ein pandemisches Experiment

2022

Themenreihe »update gesellschaft«
hrsg. von Matthias Eckoldt
Umschlagentwurf: B. Charlotte Ulrich
Redaktion: Uli Wetz
Layout und Satz: Heinrich Eiermann
Printed in Germany
Druck und Bindung: CPI books GmbH, Leck

Erste Auflage, 2022
ISBN 978-3-8497-0426-1 (Printausgabe)
ISBN 978-3-8497-8360-0 (ePUB)
© 2022 Carl-Auer-Systeme Verlag
und Verlagsbuchhandlung GmbH, Heidelberg
Alle Rechte vorbehalten

Bibliografische Information der Deutschen Nationalbibliothek:
Die Deutsche Nationalbibliothek verzeichnet diese Publikation
in der Deutschen Nationalbibliografie; detaillierte bibliografische
Daten sind im Internet über http://dnb.d-nb.de abrufbar.

Informationen zu unserem gesamten Programm, unseren Autoren
und zum Verlag finden Sie unter: https://www.carl-auer.de/.
Dort können Sie auch unseren Newsletter abonnieren.

Carl-Auer Verlag GmbH
Vangerowstraße 14 · 69115 Heidelberg
Tel. +49 6221 6438-0 · Fax +49 6221 6438-22
info@carl-auer.de

Inhalt

Prolog

Noch zu Beginn der 2020er-Jahre haftete dem Begriff »Homeoffice« in der Firma, in der ich arbeite, etwas Bemitleidenswertes, wenn nicht gar Halbseidenes an. Mit »Viele Grüße aus dem Homeoffice« verabschiedete sich etwa eine unserer langjährigen Mitarbeiterinnen, die den Umzug in eine andere Stadt und neue Büroräume nicht mitgemacht hatte, stets in ihren E-Mails. Allen war bewusst, dass sie damit in erster Linie Anteilnahme erheischen wollte. Ich sitze hier zu Hause am Computer, war der Subtext ihrer Botschaft, und bin abgeschnitten von jeglicher Kommunikation. Bitte vergesst mich nicht, schanzt mir Aufgaben zu, haltet mich auf dem Laufenden!

Erhört wurden diese steten Hilferufe nach Aufmerksamkeit so gut wie nie. Dafür war einfach keine Zeit angesichts der beständig neuen Herausforderungen des Büroalltags. Niemand wäre damals auf die Idee gekommen, sie per Zoom in die wöchentlichen Redaktionssitzungen einzubinden oder für ihre Vorschläge und Ideen ein der Zusammenarbeit dienliches Slack-Tool einzurichten. Wenn sie Glück hatte, bekam sie später von jemand ihr Wohlgesinntem am Telefon eine Zusammenfassung des in der Konferenz Besprochenen präsentiert. An ihrer Situation des Außenvor-Seins änderte das wenig bis gar nichts. Es war ganz klar: Wer keinen Zugang zum Büro und seiner hermetischen Kommunikationswelt hat, der gehört im eigentlichen

Sinne nicht mehr dazu. Der ist kein wirklicher Angestellter[1] mehr, selbst wenn er noch vom Unternehmen bezahlt wird.

Etwas anders gelagert waren die Absichten, mit denen die angestellten Kollegen mit festem Büroarbeitsplatz den Begriff »Homeoffice« zu jener Zeit verwendeten. Wenn sie, meist etwas zu forsch, morgens per E-Mail oder am Telefon verkündeten: »Heute mache ich mal Homeoffice«, signalisierte das eine kurzfristige Abwesenheit, für die man nicht gewillt war, wertvolle Urlaubstage herzugeben. Die Gründe für solche spontanen Homeoffice-Tage konnten vielfältiger Natur sein und wurden meist nicht direkt angesprochen: Ein ungünstiger Handwerkertermin (»Wir kommen zwischen 8 und 12«), ein nicht rechtzeitig fertiggestellter Text, streikende Verkehrsbetriebe, eine durchzechte Nacht oder ein plötzlich durchbrechender Freiheitswille (»Nein, ich lasse mich heute nicht an der Kette ins Büro zerren«).

Den Homeoffice-Tagen lag also immer eine Art Ausnahmezustand zugrunde, die an der ansonsten gültigen Normalität und Notwendigkeit, der Präsenz im Büro, keinerlei Zweifel aufkommen ließ. Entsprechend akzeptierten die Vorgesetzten solche Ansagen in der Regel schulterzuckend, solange nicht an der stillen Vereinbarung gerüttelt wurde, diesen Joker des Zu-Hause-Bleibens nicht allzu oft zu ziehen. Niemals allerdings wäre es akzeptiert worden, hätte ein Kollege am Freitag verkündet: »Die nächste Woche

---

[1] Der besseren Lesbarkeit halber wird in diesem Buch im Allgemeinen die männliche grammatische Form verwendet. Es sind aber immer alle anderen Geschlechter gleichberechtigt mitgemeint.

mache ich Homeoffice.« Auch wenn er glaubwürdig versichert hätte, sein Arbeitspensum genauso gewissenhaft wie im Büro zu erledigen, ein Augenrollen und heftiges Kopfschütteln der Chefin wären ihm sicher gewesen. Um solch einen extravaganten Wunsch durchzusetzen, hätte er am Ende einen Kranken- oder Urlaubsschein gebraucht.

Wie grundverschieden ist hingegen meine Arbeitswirklichkeit heute! Seit die Corona-Pandemie die Welt im Würgegriff hält, habe ich viele meiner Kollegen nicht mehr leibhaftig gesehen. Von einem Tag auf den anderen verschwanden sie im Homeoffice und haben es bis heute nicht wieder verlassen. Wir begegnen uns nun nicht mehr auf dem Flur oder im Fahrstuhl, beim Mittagessen oder bei Meetings, sondern ausschließlich auf dem Bildschirm. Auf über Microsoft Teams eingestellten Videokonferenzen, ein- oder zweimal die Woche. Das Produkt, das wir herstellen, ein Magazin über Kunst und den Kunstmarkt, ist das Gleiche geblieben, aber die Bedingungen, unter denen es entsteht, haben sich radikal verändert.

Eine ganz ähnliche Erfahrung haben viele Angestellte in Deutschland und der westlichen Welt in jüngster Zeit gemacht. Man geht davon aus, dass seit dem ersten Lockdown etwa 30 Prozent der Erwerbstätigen in der Bundesrepublik dauerhaft im Homeoffice arbeiten. Bei rund 45 Millionen Beschäftigten ist das eine stolze Zahl von rund 13,5 Millionen. Laut der *Berufe-Studie 2020* der im deutschen Südwesten beheimateten HDI-Versicherung sind in dieser Zeit etwa 28 Prozent der berufstätigen Baden-Württemberger und 33 Prozent der berufstätigen Rheinland-Pfälzer ins Homeoffice gewechselt.

Studien vor Corona, wie sie etwa das ZEW, das Mannheimer Leibniz-Zentrum für Europäische Wirtschaftsforschung, und das Nürnberger Institut für Arbeitsmarkt- und Berufsforschung seit 2012 alle zwei Jahre durchgeführt hatten, stellten damals hingegen nur einen ausgesprochen langsam wachsenden Anteil des Homeoffice an der allgemeinen Beschäftigung fest. Das verwunderte etwas angesichts der im Umlauf befindlichen kühnen New-Work-Visionen, denen gern mit Bildern von entspannt an einem Karibikstrand ihren Laptop aufklappenden jungen Angestellten Nachdruck verliehen wurde. Nüchtern kalkulierende Unternehmer und Führungskräfte ließen sich von solchen Utopien jedoch nicht becircen (»Wo lädt der seinen Akku auf? Gibt es am Strand überhaupt WLAN?«). Sie behielten ihre grundsätzliche Skepsis gegenüber dem Homeoffice bei. Zu groß war die Furcht, die Kontrolle über ihre Angestellten zu verlieren und das bewährte »Management by Zuruf« der in Deutschland so fest verankerten Präsenzkultur aufgeben zu müssen.

Etwas offener zeigte sich die Mehrheit der Angestellten, die sich zumindest ein zeitweises Arbeiten im Homeoffice vorstellen konnten. Sie hofften damit, Familie und Beruf noch besser vereinbaren zu können oder die Work-Life-Balance auf ein Optimum auszutarieren. Ein gänzliches Abtauchen im Homeoffice wäre aber auch ihnen nie in den Sinn gekommen. Berücksichtigt man diese Befunde, so lässt sich ermessen, welches gigantische Experiment in der Arbeitswelt mit der Corona-Pandemie begann. Der geradezu überstürzte, flächendeckende Rückzug ins Homeoffice markiert einen eruptiven gesellschaftlichen Wandel, dessen ökonomische, politische, soziale und mentale Auswirkungen erst langsam sichtbar werden.

Nur eines steht bereits fest: Unsere kapitalistisch verfasste Wirtschaftsordnung, der eine gewisse Freude an schöpferischer Zerstörung eingeschrieben ist, hat sich wieder einmal als überaus anpassungsfähig erwiesen. Die Geschäfte, die gemeinhin vom Büro aus betrieben wurden, kamen nicht zum Stillstand, sondern liefen nach einer kurzen Irritation erstaunlich reibungslos weiter. Anscheinend bereitete in der Angestelltenwelt die Pandemie-Umstellung weit weniger Kopfzerbrechen als in Fabriken und Ladengeschäften, Hotels und Restaurants oder Theatern und Konzertsälen.

Warum waren wir Angestellte und unsere Arbeitgeber auf das Homeoffice so gut vorbereitet? Hatte es sich vielleicht schon an anderer Stelle angekündigt? Waren die Bande, die uns an unsere Büros fesselten, womöglich bereits zerfaserter, als es den Anschein hatte? Und was macht dieser Transformationsprozess mit uns? Wer werden wir Büroarbeiter am Ende sein? Digitale Monaden (oder Nomaden), die sich untereinander vernetzen im Reich der Unternehmensserver, die über Zugang und Nichtzugang, Update oder Absturz allmächtig entscheiden?

Um all diese Fragen zu beantworten, müssen wir zunächst an einen Ort zurückkehren, den wir gerade erst verlassen haben. Das immer noch vertraute, alte Büro. Was war das für ein Leben, das wir so geräuschlos und ohne Widerstand aufgegeben haben?

Kafkas Feierabend

Franz Kafka ging nicht gern ins Büro. Von dem Schriftsteller und Beamten der Prager Arbeiter-Unfall-Versicherungs-Anstalt (damals hießen die Angestellten noch in Analogie zum Staatsdienst »Beamte«) ist der Stoßseufzer überliefert: »Die Stunden außerhalb des Bureaus fresse ich wie ein wildes Tier.« Das heißt im Umkehrschluss: Im Büro ist der Mensch dressiert, abgerichtet, fremden Zwecken unterworfen, alles, nur nicht er selbst in freier Entfaltung. Kafka empfand das als besonders schmerzlich, da er sein Erwerbsleben im scharfen Gegensatz zu seiner eigentlichen Arbeit, dem Schreiben, sah. Er hatte das Gefühl, im Büro »unwiederbringliche Ressourcen zu verschwenden an Dinge, die ihn im Innersten nichts angingen«, wie sein Biograf Reiner Stach konstatiert.

Bei Kafka wollen wir diesen Befund ausnahmsweise gelten lassen. Schließlich konkurrierte bei ihm das Abfassen einer »Unfallverhütungsmaßregel bei Holzhobelmaschinen« mit den Manuskriptseiten von *Die Verwandlung* oder *Der Process*. Da er von fragiler Gesundheit war, ahnte er, dass sein nächtliches Schreiben irgendwann seinen Tribut fordern würde. Viel hätte er dafür gegeben, die täglichen Stunden in der Anstalt, von Viertel nach acht bis 14 Uhr, am heimischen Schreibtisch verbringen zu können. »Wie ich heute aus dem Bett steigen wollte bin ich einfach zusammengeklappt«, schreibt er am 19. Februar 1911 seinem Vorgesetzten als Entschuldigung für sein Fernbleiben. »Es hat das einen sehr einfachen Grund, ich bin vollkommen überarbeitet. Nicht durch das Bureau, aber durch meine sonstige Arbeit. Das Bureau hat nur dadurch einen unschuldigen Anteil daran, als ich, wenn ich nicht hinmüsste, ruhig für meine Arbeit leben könnte und nicht diese 6 Stunden dort täglich verbringen müsste …«

Für die allermeisten Angestellten ist die Realität hingegen eine andere. Für sie gibt es nur »eine Arbeit«, und das ist die im Büro. Deshalb gingen sie, zumindest bis vor Kurzem, wohl auch ganz gern dorthin. Selbst wenn sie das niemals so offen zugegeben hätten. Was sollten sie auch sonst den lieben, langen Tag tun? Netflix-Serien schauen, Patiencen legen, den Keller entrümpeln? Erst das ausgewogene Zusammenspiel von Arbeit und Freizeit (euphemistisch »Life« genannt) gibt dem Menschen eine gewisse Trittsicherheit und lässt ihn erwachsen erscheinen, als vollwertiges und ernst zu nehmendes Mitglied unserer Gesellschaft. Man könnte auch sagen: Die Büroarbeit verleiht dem Leben Gehalt – ein Wort, das gleich mehrere Aspekte des Angestelltendaseins in sich vereint: den Inhalt der Aufgaben und das befriedigende Gefühl, ihnen gewachsen zu sein, die monetäre Entlohnung und vor allem den Halt im Leben.

Gerade der letzte Aspekt ist dabei nicht hoch genug einzuschätzen. Halt (oder: Sicherheit) ist eine knappe Ressource geworden in unseren nur vordergründig stabilen Zeiten. In denen – mit dem Maßstab der Jahrhunderte – sich alles permanent ändert, auf nichts mehr Verlass ist, weder auf die

Familie noch die Liebe, weder auf das erworbene Wissen noch die früheren Tröstungen der Religion oder politischen Überzeugung, markierte das Büro einen Ort der Stabilität. Eine »Stelle«, von der aus sich das Leben mit seinen inneren und äußeren Herausforderungen deutlich weniger beunruhigend anfühlte. Ein Geländer, an dem man sich Tag für Tag sicher fortbewegen konnte, bis man irgendwann einmal, hoffentlich, die Pensionsgrenze erreicht hatte.

»Ich will arbeiten. Ich will mich betätigen. Ich will endlich ein Ziel vor Augen haben«, klagt Fabian, ein arbeitslos gewordener Werbetexter in Erich Kästners gleichnamigen Roman aus dem Jahre 1931. Eigentlich ist Fabian ein Seelenverwandter Kafkas, auch er träumt vom Schreiben als Daseinszweck. Zum Verhängnis wird ihm, dass sein Chef diesen Wunsch durchschaut und mit seinem ständigen Unpünktlichsein verrechnet. In Zeiten der Weltwirtschaftskrise kann Fabian damit auf weniger Nachsicht hoffen als Franz Kafka in der vergleichsweise gemütlichen Donaumonarchie. Das Klima ist rauer geworden, das Tempo hat sich beschleunigt. Fabian wird aus der Bahn geworfen, verliert den Boden unter den Füßen. Die Bedeutung einer Stelle, eines Büros, als Zufluchtsort erkennt er zu spät.

Auch mir wurde diese Bedeutung recht spät bewusst, mit Anfang 30, als ich meine erste Festanstellung antrat. Vorher hatte ich meine Adoleszenz unnötig verlängert, mich Tagträumen von einer Existenz als künftigem Bestsellerautor, Filmproduzenten oder Unternehmensgründer hingegeben, die nur in vollkommener Freiheit umsetzbar gewesen wären. Einer Freiheit, die mir immer bedrohlicher erschien, je schneller die Jahre vergingen und die ominöse 30 näher rückte. Hatte ich überhaupt genug Talent und Antrieb für meine hochfliegenden Pläne? Und was, wenn sie sich als Trugbilder erwiesen?

Wie geerdet, wie angekommen fühlte ich mich dann an meinem ersten Tag im Büro! Zugegeben, die Umstände waren perfekt: Ich hatte das Glück, bei einer vornehmen Zeitung zu landen, die mir ein Einzelbüro in einem prachtvoll sanierten Gebäude in der Mitte Berlins zur Verfügung stellte. Auf meinem Schreibtisch lagen frisch gedruckte Visitenkarten, ich war jetzt Teil von einem größeren Ganzen, dessen Glanz auf mich abfärbte. Meine gesellschaftliche Stellung hatte sich von einem Tag auf den anderen bedeutend verbessert. Wenn ich nun auf die obligatorische Kennenlernfrage »Und, was machen Sie beruflich?« antwortete: »Redakteur bei der FAZ«, konnte ich mir allgemeiner Wertschätzung sicher sein. Ich war auf einmal ein interessanter, allseits geachteter Mensch, dessen Ausführungen man gern ein Ohr lieh. Einladungen, kleine Aufmerksamkeiten und Schmeicheleien unterstützten diesen Eindruck noch. Manchmal beschlich mich das Gefühl, dass nicht ich, sondern meine Funktion damit gemeint sein könnte, aber das störte mich nicht weiter.

Mindestens ebenso wichtig wie der neu erworbene Status war mir jedoch die Struktur, die das Büro meinem Leben verlieh. Ich hatte nun jeden Morgen, im Unterschied zum entlassenen Fabian, ein Ziel vor Augen, das ich entschlossenen Schrittes ansteuern konnte. Kaum hatte ich die schwere Tür des Bürogebäudes gegen 10 Uhr aufgedrückt, begrüßte mich der Pförtner mit einem »Guten Morgen, Herr Ehlert«. Waren andere Kollegen zeitgleich eingetroffen und benutzten denselben Fahrstuhl, nickten wir uns ernsthaft und gemessen zu, voller Konzentration auf die vor uns liegenden Tagesaufgaben. Angekommen am Schreibtisch, galt der erste Handgriff dem Einschalten des Computers – nun war man im wahrsten Sinne des Wortes »angestellt«. Der restliche Arbeitstag verlief dann mal mehr, mal weniger anstrengend. Sein stetes Zentrum bildete die 12-Uhr-Konferenz, auf der man sich der gegenseitigen Anwesenheit versicherte und allgemeine Themen besprach. Gegen 18 Uhr setzte eine gewisse Unruhe ein, der Blick zur Uhr verriet, dass die Arbeitszeit sich ihrem Ende näherte. Ich zog Jackett oder Mantel über, fuhr den Computer parallel herunter und löschte das Licht. Erschöpft war ich nicht, aber etwas müde, vom vielen Sitzen und Auf-den-Bildschirm-Starren. Auch wenn mich das Gefühl, »heute richtig etwas geschafft zu haben«, nur selten überkam, war ich dennoch nicht unzufrieden und hatte keineswegs ein schlechtes Gewissen. Schließlich hatte ich dem Unternehmen wertvolle Stunden meiner Lebenszeit geopfert.

Dass diese Stunden schon damals vor allem für Kommunikation, interne wie externe, draufgehen würden, hätte ich vor dem Eintritt in die Büroexistenz nicht vermutet. Aber so war es nun einmal, und daran war offensichtlich nicht zu rütteln. Überraschend schnell gewöhnte man sich als Büroangestellter daran, die pure, vom Inhalt abstrahierte Tätigkeit als das schlechthin Reale zu empfinden. Als die von außen diktierte Notwendigkeit, die dem labilen Ich festen Boden unter die Füße und einen Gehaltszettel in die Hand gibt.

So wie der Bauer mit seiner Scholle in der agrarischen Welt verwachsen war, war es der Angestellte mit seinem Büro in der nun an ihr Ende kommenden prädigitalen Dienstleistungsgesellschaft. Es bediente sein essenzielles Bedürfnis nach einem festen Platz im Leben, wie es der Ausdruck »Festanstellung« so präzise auf den Punkt bringt. Deshalb identifizierte er sich so widerstandslos mit dem Schreibtisch, an den er gekettet war. Während kein Arbeiter jemals sagen würde: »In der Fabrik dauert es heute noch etwas länger, Liebling«, hörte sich so ein Satz für einen Angestellten durchaus plausibel an: »Schatz, ich muss gleich noch mal ins Büro.«

Neben den vielen, kleinen Vorzügen des alten Büros, die das Leben auf geradezu feudale Weise erleichterten (Reinigung wie von Zauberhand, immer genug Papier im Drucker, Schränke voller Büromaterial, Service-Hotline bei IT-Problemen, allzeit bereite Kopierer und Kaffeeküche), erzeugte es aber auch Zwänge, an die man sich anzupassen hatte. Wäre man etwa auf die Idee gekommen, hauptsächlich zu nächtlicher Stunde seiner Tätigkeit nachzugehen, hätte man sich bald mit etlichen Problemen konfrontiert gesehen. Die verdutzt dreinschauenden Reinigungskräfte, denen man frühmorgens im Wege gesessen hätte, wären dabei noch das Geringste gewesen. Schwerer gewogen hätte der Verdacht, dass man zu wenig oder gar nicht arbeite, weil der Vorgesetzte oder die Kollegen es nicht mehr kontrollieren könnten. Unter allen Umständen galt es im alten Büro, die vertraglich vereinbarte Arbeitszeit einzuhalten. Und sollte dies einmal nicht möglich gewesen sein, empfahl es sich, den Computer eingeschaltet und eine Jacke über dem Stuhl hängen zu lassen, so als komme man jeden Augenblick wieder. Es herrschte strikte Anwesenheitspflicht, selbst wenn man gelegentlich nichts zu tun hatte.

Einen weiteren Zwang verkörperte die Kleiderordnung. Sie hatte sich im Lauf der Zeit zwar verändert, an ihren Grundfesten wurde jedoch nicht gerüttelt. Ein gepflegtes Äußeres wurde so selbstverständlich erwartet, dass es nicht einmal im Arbeitsvertrag Erwähnung finden musste. Subtil hatte sich der Kleidungsstil den Unternehmensnormen anzupassen, von denen man annahm, dass der Angestellte sie ohnehin verinnerlicht hätte. In den meisten Fällen sollte dieser Stil das korrekte, verlässliche Auftreten der Firma unterstreichen, ohne zu uniform zu wirken. Für mich als frisch bestallten Angestellten bedeutete das die Anschaffung dreier, zwischen Grau und Dunkelblau changierender Anzüge. Hinzu kam das freitägliche Aufsuchen der chemischen Reinigung, damit man für die kommende Woche einen Satz frisch gebügelter Hemden zur Verfügung hatte. Der Krawattenzwang wurde damals zum Glück schon lockerer gehandhabt.

Die größte Herausforderung im alten Büro stellten jedoch die anderen Mitarbeiter dar, die sogenannten Kollegen. Das Wort »Kollege« stammt aus dem Lateinischen und bedeutet so viel wie »Berufs-, Standesgenosse«. Mit dem Begriff »Genosse« konnte sich der Angestellte seit jeher nur schwer anfreunden, sein Verhältnis zu den Gewerkschaften war meist von ironischer Distanz geprägt (»Wenn ich gekündigt werde, können die mir eh nicht helfen«). Man saß zwar im selben Bürogebäude, aber jeder ruderte für sich im Einzelbüro.

Auch was seinen Stand betraf, war sich der Angestellte, seit er als Kalkulant, Schreiber oder Zeichner in das Wirtschaftsleben getreten war, nie ganz sicher. Den schweißtriefenden, ungehobelten Proletariern, die Gleichheit und Sozialismus erkämpfen wollten, fühlte er sich nicht zugehörig. In seiner Sphäre bestimmten nicht Dreck und Ruß das Ambiente, die Bezeichnung »Büroarbeiter« empfand er als Beleidigung.

Näher stand ihm schon das klassische Bürgertum eines Kaufmanns oder Arztes, die ja schließlich auch am Schreibtisch saßen, mit ihren Werten von Freiheit und Liberalismus. Doch der Angestellte ahnte manchmal, dass er in Wirklichkeit ausgesprochen unfrei war. Aber er versuchte, das nach Möglichkeit zu verdrängen. Sein Lebensstil war der einer uneingestandenen Abhängigkeit. »Die Masse der Angestellten unterscheidet sich vom Arbeiterproletariat darin, dass sie geistig obdachlos ist. Zu den Genossen kann sie vorläufig nicht hinfinden, und das Haus der bürgerlichen Begriffe und Gefühle, das sie bewohnt hat, ist eingestürzt, weil ihm durch die wirtschaftliche Entwicklung die Fundamente entzogen worden sind«, schrieb Siegfried Kracauer 1930 in seiner Studie über *Die Angestellten,* die erstmals den Versuch unternahm, die konstituierenden Lebenslügen der Kultur der Büroarbeiter zu entlarven.

So wie der Angestellte sich selber über seinen Stand in der Gesellschaft täuschte, so täuschte er auch seine Kollegen im Büro. Er war dort gezwungen, in eine Rolle zu schlüpfen, die nur die Elemente seiner Persönlichkeit zuließ, die einer professionellen Performance entsprechen. Auf diese Weise wurde die Kommunikation mit den anderen Mitarbeitern zu einem permanenten Rollenspiel, bei dem man beständig auf der Hut sein musste und mit verschiedenen Wirklichkeitsebenen jonglierte. War die Freundlichkeit des Kollegen jetzt echt oder aufgesetzt? Ist er wirklich so begeistert vom Vorschlag des Chefs? Sollte ich mich lieber an dem allgemeinen Gelächter beteiligen, obwohl ich an der Bemerkung gar nichts witzig fand? Welche Rolle man wählte, konnte individuell verschieden sein. Es standen etliche zur Auswahl: die Gewissenhafte, der Spaßvogel, die Ungeduldige, der Bedenkenträger ... Wichtig war nur, dass sie sich geschmeidig in das betriebliche Ganze fügte. Denn jede Rolle war Teil des kommunikativen Grundrauschens im Büro, das den Arbeitsprozess am Laufen hielt und sicherstellte, dass bei allen Entscheidungen die relevanten Personen und ihre Meinungen berücksichtigt oder zumindest gehört wurden. Nur auf diese Weise ließen sich in einer modernen Wirtschaftsordnung Veränderungen anstoßen und vor allem: durchsetzen.

Ein Indiz gab es, an dem sich in vergangenen Tagen die Stellung eines Angestellten im Unternehmen zuverlässig ablesen ließ. Im Unterschied zur Gehaltsabrechnung oder zu speziellen Boni-Vereinbarungen war es für jeden transparent. Gemeint ist die Größe und Ausstattung des Büros. Schon ein Einzelbüro zeugte von besonderer Wertschätzung für den Mitarbeiter. War es ein lichtdurchflutetes Eckbüro und so groß, dass neben dem Schreibtisch sogar noch eine kleine Sitzgruppe für Besprechungen hineinpasste, wusste man sofort, dass man es hier mit einem »Chef«, also einem Angehörigen des mittleren oder gehobenen Managements, zu tun hatte. Konnte man dieses Büro nur durch ein Vorzimmer mit Sekretärin betreten, gab es noch ein paar VIP-Punkte obendrauf. Ähnliche Signale gingen von Designermöbeln oder Kunst an den Wänden aus.

Aber damit bewegte man sich bereits in Sphären, die für die meisten Angestellten unerreichbar waren. Sie konnten froh sein, vom Arbeitgeber einen ergonomischen Stuhl aus dem Bürodiscounter hingestellt zu bekommen. Für die Verschönerung und Individualisierung ihres Arbeitsplatzes, der ganz auf Funktionalität ausgerichtet war, waren sie selber zuständig. Sie wussten allerdings instinktiv, dass ihre Eingriffe nur marginaler Natur sein dürfen. Kleine, spielerische Accessoires, wie ein Mousepad aus dem Museumsshop, originelle Aufkleber am Bildschirm, eine sorgsam ausgesuchte Kaffeetasse oder die obligatorischen Familienfotos, sorgten im Büro für ein Gefühl der Heimeligkeit. Zu wohnlich durfte es allerdings nicht werden, wer über das Ziel hinausschoss, wurde schnell auf die Brandschutzverordnung verwiesen.

Gern wurde die Zuweisung eines Büros auch für Belohnungs- oder Abstrafungsaktionen genutzt. Ein Büro in unmittelbarer Nähe des Chefbüros war durchaus als Aufstieg zu werten, als Zaunpfahl für künftige Verwendungen. Wer sich hingegen vor dem Arbeitsgericht erfolgreich gegen eine Kündigung gewehrt und eine Wiedereinstellung erreicht hatte, konnte davon ausgehen, einen besonders tristen Raum, eine Art Abstellkammer, zugewiesen zu bekommen.

Wie wichtig das Büro, als vertrautes Zusammenspiel von Schreibtisch, Computer und Regal, für das innere Gleichgewicht gerade auch der höher bezahlten Angestellten war, bewiesen die sogenannten Outplacement-Agenturen. Sie verschafften gekündigten Fach- und Führungskräften für eine Übergangszeit ein Büro, mitunter sogar mit Sekretärin und anderen Elementen des bisherigen Lebensstils. Die Arbeit, die der freigestellte Manager hier verrichtete, war ausschließlich eine Arbeit an sich selbst. Er versuchte, den Transformationsprozess, der ihn den Job gekostet hatte, objektiv nachzuvollziehen und möglichst nicht persönlich zu nehmen. Er gewichtete seine Chancen neu, aktivierte seine Kontakte und übte sich im Verfassen von Bewerbungsschreiben. Dabei half ihm die Strukturierung seines Arbeitstages ungemein. Morgens verließ er das Haus zur selben Zeit wie immer, im Autospiegel überprüfte er noch mal den Sitz des Krawattenknotens und verbrachte dann den Tag mit Verrichtungen, an die er gewöhnt war. Die Dienstleistung des Outplacement, also die Entfernung aus dem Büro mittels eines Übergangsbüros, wurde in den USA erfunden und war ursprünglich nur für das höhere Management gedacht. Doch schnell wurde sie ein beliebtes Instrument im Werkzeugkasten der Personalabteilungen auch für die mittlere Management-Ebene, die dafür gern niedrige fünfstellige Summen ausgaben.

Büro ist Krieg

Ich wurde in meinem Angestelltendasein zweimal gekündigt und bin leider nie in den Genuss einer Outplacement-Beratung gekommen. Ob sie mir genutzt hätte, wer weiß. Viel schmerzlicher als den Verlust der materiellen Bürostruktur empfand ich die schleichende Auflösung der kollegialen Beziehungen in den Wochen vor dem Ausscheiden. Niemand ließ sich mehr auf einen Small Talk ein, auf dem Flur wurden die Blicke gesenkt, Gespräche beim Vorbeikommen merklich leiser. Kaum fassbare atmosphärische Veränderungen, die signalisierten: Man war zwar noch drinnen, aber gehörte schon nicht mehr dazu.

Wer daher glaubte, dass man sich im Büro unbedingt menschlich näherkommen sollte, dem war eine blauäugige Weltsicht zu bescheinigen. Klar gab es Kollegen, mit denen man lieber zum Mittagessen ging als mit anderen. Aber die konnten einen dann auch leichter – in der Grauzone zwischen Hilfsbereitschaft und übermäßiger Beanspruchung – für ihre Zwecke einspannen. Eine überraschende Beförderung war binnen kurzer Zeit in der Lage, scheinbar felsenfest geschmiedete Allianzen zu sprengen. Wer gestern noch zum Inner Circle gehörte, konnte morgen schon Gegenstand des Flurfunks sein. »Büro ist Krieg«, brachte es Bernd Stromberg, der Hauptheld einer gleichnamigen, dem Büroalltag gewidmeten TV-Serie aus den Jahren 2004 bis 2012, auf den Punkt. Am sichersten fuhr man, so meine Erfahrung aus über 20 Jahren Angestelltendasein, wenn man einen gewissen Abstand wahrte und immer schön sachlich blieb. Olaf Scholz könnte in dieser Hinsicht als Vorbild dienen.

Ließ sich ein persönliches Gespräch nicht vermeiden, so war höchste soziale Kompetenz gefragt: Liebe, Geld, Politik, Krankheiten, persönliche Abgründe, sprich: alles Schwere galt es um jeden Preis auszuklammern. Am unverfänglichsten, und daher am beliebtesten, war noch ein kurzer Austausch über das Wetter, natürlich ohne dabei allzu tief auf die Klimakrise einzugehen. Alles sollte schwebend und leicht sein, ein Pingpong der unverfänglichen Themen, ausgerichtet am Wertekosmos des Unternehmens.

Besonders heikel waren dabei Begegnungen mit dem unmittelbaren Vorgesetzten, übrigens von beiden Seiten. Wie viel von meiner inneren Verfasstheit gebe ich preis, fragte der Mitarbeiter, ohne in den Verdacht zu geraten, ein Streber oder Minderleister zu sein? Wie servil darf ich auftreten, ohne mich hinterher dafür zu schämen? Ganz andere Fragen trieben den Chef hingegen um: Als wie interessiert und emphatisch soll ich mich geben, ohne falsche Signale zu senden, die dann in einer Nachfrage nach Gehaltserhöhung münden? Wie demonstriere ich Führungsqualität, ohne zu jovial oder zu streng rüberzukommen? Wie lange höre ich mir das Lamento noch an? Arme Würstchen waren sie beide, aus höherer Perspektive betrachtet. Eine Tatsache, die sich eine erfolgreiche Comedy-Fernsehserie wie *Stromberg* zunutze machte, in dem sie dieses Geflecht gegenseitiger Büroabhängigkeiten auf überspitzte Weise freilegte. Stromberg, der moderne Bürotyrann und Schöpfer von Spruchweisheiten wie »Zu viel Kompetenz macht unsympathisch« oder »Beliebtsein ist auch überschätzt«, kaschierte seine mangelnde Sachkenntnis mit übertrieben selbstsicherem Auftreten. Er war damit der weit verbreitete Prototyp des seelengepanzerten Angestellten, dessen Narzissmus im Kern eine Abwehr gegen das Gefühl hilfloser Abhängigkeit ist. Ein Gefühl, das er nur mit grandiosen Illusionen über sich selbst in Schach halten konnte.

Trotz aller Beschwörungen des sogenannten Teamgeists hatte es nämlich im alten Büro kaum ein Mitarbeiter geschafft, seine verklemmte Autoritätsfixierung loszuwerden. Zu tief war sie seit Jahrzehnten in der Angestellten-DNA verankert. Da konnte sich der Chef noch so freundlich und zugewandt geben, das machte die Sache nur noch schlimmer. Die Autorität, die nicht nur Kontrolle bedeutete, sondern auch Orientierung (»klare Ansagen«) verhieß, war dann umso schwerer fassbar und verursachte Unwohlsein und Stress.

Auch die Vorgesetzten wussten insgeheim, dass sie ihre besten Tage bereits hinter sich hatten. Zu brüchig war das Konzept »Autorität« inzwischen geworden. Ihr neues Jobprofil verlangte von ihnen zunehmend Motivation und Coaching statt knallharter Führung. Ihr einst wichtigstes Machtinstrument, die Kündigung, hatten sie längst an andere Instanzen abgetreten. Im betrieblichen Ernstfall eines unvermeidbaren Personalabbaus durften sie nur als eine Art Bote auftreten und mussten sich am Ende – mittels eines suizidalen »Auflösungsvertrags« – oft noch selber kündigen. Die Entscheidungen darüber trafen längst höhere, für den Angestellten gänzlich abstrakte Ebenen im Unternehmen. Und genauso schwer nachvollziehbar und unpersönlich waren die Gründe, die zu solchen Entscheidungen führten. Meist war ihnen lapidar das Attribut »betriebsbedingt« vorangestellt.

Die Angst vor dem Verlust seiner Stelle, die seine wahre Heimat ist, hat den Angestellten seit Beginn seiner Existenz umgetrieben. Weil in arbeitsteiligen Dienstleistungsgesellschaften jeder im Prinzip ersetzbar ist, sind alle Konkurrenten. In normalen Zeiten um die Gunst des Vorgesetzten und das schönste Büro, in Zeiten der Rezession um den bedrohten Arbeitsplatz. Trotz der angeblich höheren Spezialisierung hat diese Austauschbarkeit nur noch weiter zugenommen. Ein Salesmanager kann heute genauso gut Pharmareferenten mit Vertriebszielen bombardieren wie die Außendienstler eines Traktorenherstellers. Und ob die Social-Media-Managerin Museumsausstellungen oder windige Finanzanlagen anpreist, ist auch vollkommen egal. Spezifische Branchenkenntnisse im Sinne eines altehrwürdigen Berufs brauchen beide nicht mehr.

Ihre Kompetenz besteht nun in der allumfassenden Kunst der Kommunikation und des Managens, gern unter Einbeziehung neuester Software-Tools. Den vielfältigsten Aufgaben, von denen sie beim Eintritt in ihre Berufslaufbahn oft noch nichts ahnten, können sie sich jederzeit anverwandeln. »Wir achten besonders auf die Persönlichkeit der Bewerber:innen«, gibt Hans Bongartz, Geschäftsführer beim

Ökostromanbieter Lichtblick, bei *Spiegel Online* zu Protokoll. »Neugier, Ehrgeiz und der Wunsch mitzugestalten sind fast wichtiger als der berufliche Hintergrund und die Erfahrung in konkreten Jobprofilen. Kompetenzen lassen sich aufbauen, wenn der persönliche Drive da ist, sich weiterzubilden.« Während der Kurs der Hard Skills schon lange im Sinken begriffen ist und es nicht mehr reicht zu wissen, wo welcher Aktenvorgang abgelegt ist, wachsen die Anforderungen an die Anpassungsfähigkeit des Angestellten ins schier Unbegrenzte. So verlangt es der Markt heutzutage, Stichwort »lebenslanges Lernen«.

Paradoxerweise wuchs mit dieser Entgrenzung, die den Stellen-Pool ja eigentlich stetig erweiterte, auch die Sorge vor der möglichen Vertreibung aus dem Büro. Als Schreckensszenario kam sie für den Angestellten dem Rauswurf aus der eigenen Wohnung gleich. In beiden Fällen wird er »auf die Straße gesetzt«, einmal physisch, einmal gesellschaftlich. Die Nachrichtenbilder der Finanzkrise 2009, als junge, dynamische Menschen, die scheinbar alles richtig gemacht hatten, mit ihren Bürokartons unterm Arm die Investmentbank Lehman Brothers in New York verlassen mussten, wirkten auf ihn genauso traumatisierend wie die acht Jahre zuvor eingestürzten Twin Towers auf das Sicherheitsgefühl der westlichen Bevölkerungen.

Führten sie ihm doch vor Augen, wie labil das System ist, von dem sein Gleichgewicht abhängt. Wie wenig Überblick und Kontrolle er als winziges Rädchen im Getriebe über die Sachverhalte hat, die sein Leben bestimmen. Der

Angestellte weiß, wie fest seine Stellung, sein Status, ja seine ganze Persönlichkeit an das Unternehmen gebunden sind, durch dessen enge Pforte er geschlüpft ist. Doch was passiert, wenn diese Firma immer fluider wird, immer weniger greifbar, wenn sie sich als Ort aufzulösen beginnt? Wenn es auf einmal überhaupt keine Chefs und Kollegen mehr gibt und auch keine Bürotür, die man hinter sich verschließen kann?

Entgrenzung im Großraumbüro

Das Verschwinden des alten Büros und der mit ihm verbundenen Lebenswelt begann schon lange vor der Pandemie. Es war ein zunächst unmerklicher Prozess, der seit der Jahrtausendwende immer mehr an Fahrt aufnahm. Plötzlich entsprach das Klischee der langen, trostlosen Fluchten von Bürozellen mit ihren Grünpflanzen und Abreißkalendern kaum noch der Wirklichkeit. Und auch die Menschen in den Büros hatten sich verändert. Sie wirkten auf einmal weniger grau und vorhersehbar, sondern irgendwie bunter und individualistischer. Aber zugleich auch gehetzter, lauter und unkonzentrierter.

Das Großraumbüro kam wieder in Mode; wo es nur ging, wurden jetzt die Wände entfernt. Als Konzept war der Großraum mit mindestens 20 Büroarbeitsplätzen schon älter, Ende des 19. Jahrhunderts hatte man in den USA begonnen, in nicht mehr gebrauchten Lagerhallen Schreibtische für Angestellte aufzustellen. Kulturell populär wurde dieses Raummonster in Gestalt der Zeitungs-Newsrooms, die man aus Fernsehserien wie *Lou Grant* oder Hollywood-Filmen wie *Die Unbestechlichen* kennt. Es sind keine Orte konzentrierter Arbeit mehr, sondern eher Käfige voller Narren, die wild telefonieren und gestikulieren und dabei gern die Füße auf den Schreibtisch legen. Für ein an oberflächlichen Sensationen orientiertes Gewerbe wie den Journalismus mochte das angehen, aber auch für die exakte Bearbeitung von Zahlenkolonnen oder Kundenanfragen?

Warum also wurde dieser wuselige Ort auf einmal zum Symbol des New Work, des Neuen Arbeitens? Freiwillig hätte wohl kein Angestellter zum Vorschlaghammer gegriffen und die Aussicht zum Nachbarbüro freigelegt. Der Impuls oder, konkreter: Druck kam von oben, aus dem höheren Management. Es versprach sich von solcher Transformation erhebliche Produktivitätsschübe durch mehr Kommunikation und Kollaboration. Gern fiel in diesem Zusammenhang auch das Wort »Transparenz«. Beim Anpreisen dieser neuen Form von Bürogestaltung vermieden die Geschäftsführer und ihre Adlaten, die allerdings meist weiter in ihren Einzelbüros verblieben, tunlichst den Begriff »Großraumbüro«. Er galt als diskreditiert, mit zu viel negativen Emotionen behaftet. Stattdessen war nun die Rede von offenen Strukturen oder, noch zeitgemäßer: Open Spaces.

Plötzlich waren in Architekturzeitschriften Bilder von durchdesignten, leeren Büroflächen zu sehen, mit denen Unternehmen ganz offenkundig ihre Zukunftsfähigkeit ausstellen wollten. Es hatte den Anschein, als sollten diese Büros möglichst wenig von ihrer puren Funktion verraten. In ihrer Ästhetik orientierten sie sich an den Foyers internationaler Hotelketten oder Business-Lounges für Vielflieger. Den Trend dafür setzte die Digital- und Start-up-Branche, doch nicht jeder überschäumenden Idee aus dem Silicon Valley (Rutschen statt Treppen, Besprechungsgondeln) wurde sklavisch gefolgt.

Von den frisch getünchten, riesigen Arbeits- und Kommunikationszonen erwartete man sich schiere Wunderdinge, sofern man den Artikeln neben den eindrucksvollen Abbildungen Glauben schenken wollte. Endlich würde Information frei fließen können und nicht mehr in »Silos« versauern. Deutlich beschleunigt und unkomplizierter würden die Arbeitsabläufe werden, dank des direkten Austauschs (Face to Face). Zufallsbegegnungen an den silbern glänzenden Kaffeevollautomaten würden einen kreativen Funkenflug ohnegleichen entfachen und das Innovationstempo kräftig anheizen. Jeden Tag würde der »Teamgeist« nun automatisch gestärkt, wie viel leichter würde es künftig fallen, sich von »Konventionen« zu lösen. Und wie bedauernswert seien die Firmen, die zu solchen Um- oder Abbrüchen noch nicht in der Lage seien. Hier empfahlen die Berater für die Übergangszeit zumindest eine »Kultur der offenen Bürotür« oder den Einbau von Glastüren.

Die Wirklichkeit in den Open Spaces war dann meist eine etwas andere. Zwei Monate habe ich 2006 im ganz in Weiß gehaltenen, von dem Stararchitektenbüro hiepler, brunier eingerichteten Berliner Großraumbüro der deutschsprachigen *Vanity Fair* gearbeitet, an langen, puristischen Schreibbänken, auf denen die neuesten Apple-Computer standen. Es gibt in meiner Erinnerung keinen Ort, an dem man sich hätte schlechter mit seiner eigentlichen Arbeit befassen können. Ständig war man abgelenkt, vom Klackern der High Heels auf dem Fußboden, den Geräuschen der Espressomaschine, den privaten Plings auf den Handys der Nachbarn. Eine ideale Raumtemperatur für alle zu finden erwies sich als genauso aussichtslos, wie einen vertretbaren Lärmpegel herzustellen. Kollegen mit mehr Resilienz oder einer besonders extrovertierten Natur hatten hier eindeutige Vorteile, erbarmungslos telefonierten Letztere ihre unmittelbare Umgebung ins Konzentrationskoma.

Doppelt so viele Stresshormone soll der Körper im Großraumbüro im Vergleich zum Einzelbüro ausschütten, haben US-amerikanische Studien herausgefunden. Da helfen auch die teuersten Lärmschutzkopfhörer nichts. Im besten Fall führt dieser Stress zu einem kollektiven Flow, im Normalfall jedoch nur zu einem erhöhten Krankenstand. Neben den klassischen Bandscheibenbeschwerden sind es vor allem die psychosomatischen Erkrankungen, die in solchen Umgebungen zunehmen. Auch der deutschen *Vanity Fair* war kein glückliches Schicksal beschieden. Nach einer starken Personalfluktuation verabschiedete sich der Titel bereits nach zwei Jahren vom Markt.

Die geringe Akzeptanz des Großraumbüros bei den Angestellten wurde von den Apologeten der Open Spaces gern verschwiegen. Ebenso wie die simple ökonomische Tatsache, dass diese Büros erhebliche Kostenreduzierungen mit sich brachten. Im Schnitt sank die Bürofläche pro Angestellten erheblich, Controller durften jubeln: Noch mehr Mitarbeiter benötigten noch weniger Raum! Die leise Demütigung für den einzelnen Angestellten, der sich in solcher Arbeitsumgebung noch austauschbarer fühlen muss, zählte dabei zu den Kollateralschäden. Ihre höchste Ausprägung erreichte sie beim sogenannten Desk Sharing, einer New-Work-Mode, bei der sich jeder Mitarbeiter morgens seinen Arbeitsplatz neu suchen musste, als wäre es ein Parkplatz.

Und noch ein weiterer Aspekt fiel gern unter den Tisch: Großraumbüros sind perfekte Instrumente der sozialen Kontrolle. Es ist sicher kein Zufall, dass ihre Renaissance kurze Zeit nach dem flächendeckenden Einzug der Computer in die Bürowelt begann. Maschinen, mit denen man nicht nur die Arbeit effizienter erledigen, sondern auch spielen, shoppen oder sich im Internet tummeln kann – ohne dass dies auf den ersten Blick weiter auffallen würde, ganz im Unterschied zu früher, wo die am Schreibtisch aufgeschlagene Zeitung ein klares Indiz für Arbeitsverweigerung war. Beim Computer hingegen starrt man genauso gebannt auf den Bildschirm wie der Kollege am Nachbarschreibtisch, der womöglich seiner eingeforderten Arbeit nachgeht.

Großraumbüros erwiesen sich für dieses neu auftauchende Problem als die kostengünstigste Lösung. Ihre Kontrolle war doppelt wirksam: Die permanente Anwesenheit der anderen Kollegen unterstützte den Angestellten darin, den im Computer angelegten Versuchungen zur Ablenkung zu widerstehen. Wenn einem jeden Augenblick jemand über die Schulter schauen konnte, musste man schon sehr abgebrüht sein, um während der Arbeitszeit privaten Dingen nachzugehen. Man konnte also höchstens *nicht* arbeiten, was meistens noch langweiliger und nervenaufreibender war, als zu arbeiten. Dank der aufs Kollektiv verlagerten Kontrolle ersparten sich die Unternehmen rechtlich fragwürdige Methoden der Überwachung. Etwa das Installieren von Videokameras oder das stichprobenartige Überprüfen der Browser-Verläufe, bei denen der Datenschutz vermutlich ein großes Wörtchen mitzureden gehabt hätte.

Für das mittlere Management ergab sich noch ein weiterer Kontrollgewinn. Das Großräumbüro verschaffte ihm einen deutlich leichteren Überblick, wer von den Angestellten fleißig in die Tasten hämmerte oder wer seine Mitstreiter mit Dauerschwatzen von der Arbeit abhielt. Auch die allgemeine Präsenz hatte man in den offenen Strukturen viel besser im Blick, alle saßen hier wie auf einem Präsentierteller. Denn noch hatte sich die alte Anwesenheitskultur ins Großraumbüro hinübergerettet, allen New-Work-Prophezeiungen zum Trotz. Gratis bekam man jetzt die Blicke der strebsamen Kollegen zu spüren, wenn man beständig seine Mittagspause überzog, alle halbe Stunde eine Raucherpause einlegte oder morgens notorisch zu spät kam. Die Folge war, so zumindest meine Erfahrungen bei *Vanity Fair*, eine Art Dauerpräsenz im Büro. Eine Existenz unter Neonlicht statt Tageslicht, bei der man mit physischer Anwesenheit die kreative Abwesenheit kaschierte.

Die Mobilmachung

Eine weitere Auflösungserscheinung der alten Bürowelt markierte die Einführung des mobilen Arbeitens. Sie ging mit dem Siegeszug des Smartphones einher. Durch Fortschritte in der Computertechnik und Digitalisierung war es nun möglich geworden, problemlos auch von unterwegs zu arbeiten bzw. zu kommunizieren, was praktisch für die meisten Angestellten auf das Gleiche hinausläuft. Während dafür in Vor-Smartphone-Zeiten noch eine komplizierte Ausrüstung mitgeschleppt werden musste, konnte man jetzt einfach am Flughafen-Gate oder im ICE-Großraumabteil seinen Laptop-Bildschirm aufklappen. Die schöne, alte Bürofloskel »Nach Diktat verreist« hatte damit endgültig ausgedient. Auch wenn man verreist war, war man nun erreichbar und konnte E-Mails beantworten, Excel-Tabellen bearbeiten oder Präsentationen vorbereiten. Und nicht nur in der Ferne konnte man das, bald auch auf dem Spielplatz, im Café oder vor dem Zubettgehen im Schlafzimmer.

Die Arbeit hatte damit auf leisen Sohlen die Grenze zur Freizeit überschritten und war in die private Sphäre des Angestellten eingedrungen. Überstunden sammelten sich nun nicht mehr im Büro an, sondern zu Hause – und blieben daher unbezahlt. Viele Mitarbeiter empfanden das zunächst als Gewinn an Freiheit, da man dem Schreibtischzwang entronnen war und nun auch mal ein paar Sachen »schnell« noch von daheim abarbeiten konnte. Auch musste man dafür keine Akten extra einpacken. Alles, was man brauchte, war ein Smartphone oder Laptop, mit dem man sich in den Server seines Unternehmens einloggen konnte.

Die Unternehmen merkten schnell, wie sehr ihnen diese Entwicklung in die Karten spielte. Wenn man überall und immer arbeiten kann, dann wird man im Zweifel auch mehr Arbeit wegschaffen. Und sei es nur aus schlechtem Gewissen, weil man nicht mehr so oft im Büro ist. Dann wird noch spätabends der Kunde in Übersee vertröstet und am Wochenende an der neuen Marketing-Strategie gefeilt. Nicht mehr der Vorgesetzte musste den Angestellten antreiben, das erledigte der nun selber: mit seinen inneren To-do-Listen. Denn mit dem eingeläuteten Abschied vom altmodischen Nine-to-five-Arbeitstag, der an das alte Büro als Ort von Computer, Faxgerät und Kopierer gebunden war, gab es auch keine Ausreden mehr für die etwas langsameren Kollegen. Das Tempo der Schnellsten gab nun die Zeit vor, in der etwas »zu schaffen« war.

Auf diese neue Arbeitswirklichkeit reagierten die Unternehmen mit großer Anpassungsfähigkeit. Binnen kurzer Zeit wurden flexible Arbeitszeitmodelle eingeführt, neue Begriffsungetüme wie »Vertrauensarbeitszeit« oder »Gleittage« kamen Human-Ressource-Managern nun leicht von den Lippen. Vordergründig gingen die Unternehmen damit geradezu vorbildlich auf die seit Jahren geäußerten Wünsche ihrer Angestellten ein, Beruf und Familie besser vereinbaren zu können. Ein Kotau, der den Firmen ausgesprochen leichtfiel. Hatten sie doch mittlerweile festgestellt, dass die Ablösung der Stechuhr durch das Smartphone keinerlei

Risiken für sie barg, sondern im Gegenteil den »Output« und die Produktivität erhöhte. Zusätzlich kassierten sie den netten Nebeneffekt, sich als moderne, den Neuerungen der Zeit gegenüber aufgeschlossene Firmen zu präsentieren.

Die Mitarbeiter ließen sich auf dieses Spiel der schleichenden Entfernung aus dem Büro wohlwollend ein. Es suggerierte ihnen, eine weitere Stufe der Selbstbestimmung und Emanzipation in ihrem Angestelltendasein erklommen zu haben. Unreflektiert folgten sie dabei den Theorien des US-Management-Visionärs Tom Peters, der vorausgesagt hatte, dass sich der neue Kapitalismus von innen her »vermenschlichen« würde. Wenn sich der Angestellte mit seiner Arbeit vollkommen identifiziere, so Peters, dann instrumentalisiert die Firma nicht mehr den Angestellten für ihre Zwecke, sondern der Angestellte gebraucht sie, um sich selbst zu verwirklichen.

Solchermaßen geistig benebelt, beteiligten sich die Angestellten mitunter geradezu enthusiastisch an der Entgrenzung von Arbeit und Freizeit, an der Abschaffung des Feierabends. Gern verschickten sie jetzt mal eine Mail um 23.15 Uhr, mit möglichst vielen Adressaten in CC, damit auch allseits registriert werde, was für ein fleißiger, pflichtbewusster und leistungsfähiger Angestellter man sei. Und man durfte sich sicher sein, dass noch am selben Abend die ersten In-CC-Gesetzten reagieren würden.

Doch die Kehrseite davon spürten die Angestellten nur allzu bald. Obwohl sie in Umfragen das flexible und mobile Arbeiten weiterhin stark befürworteten, keimte in ihnen langsam der Verdacht, dass es sie nicht wirklich zufriedener mache. Immer schwerer fiel es ihnen, abzuschalten und den Kopf freizubekommen. Immer getriebener fühlten sie sich, immer exzessiver wurde ihr Griff zum Handy. In Gewerkschaftskreisen etablierte sich dafür die Diagnose von der »Arbeitsverdichtung«, die zu »Dauerstress« führe.

Als neues Feindbild wurde daraufhin die »ständige Erreichbarkeit« ausgerufen. Doch wie sollte man ihrer Herr werden, ohne die gerade eingeführte und allseits gefeierte Flexibilität zu gefährden? Und wie sollte man etwas bekämpfen, das nicht von oben angeordnet worden war, sondern aus einem inneren Zwang heraus geschah, der gänzlich in der Eigenverantwortung des Angestellten lag? Dem Zwang, online genauso lange und regelmäßig erreichbar zu sein wie sein Team, seine Vorgesetzten, seine Kunden. Ein Irrglaube, der sich exponentiell verstärkte, je mehr ihm verfielen.

An Ideen mangelte es nicht, dieser offenkundig problematischen Entwicklung zu begegnen. Ohne dass sich am alarmierenden Zustand grundsätzlich etwas geändert hätte. Die Gewerkschaften regten eine bundesweite Anti-Stress-Verordnung an, die auf Wohlwollen im Bundesarbeitsministerium und Ablehnung im Bundeskanzleramt stieß. Große Konzerne wie Volkswagen wurden selber aktiv, um 18 Uhr fuhren sie nun konsequent die E-Mail-Server herunter. (Die Mitarbeiter kommunizieren anschließend dienstliche Dinge munter auf ihren privaten Accounts weiter.) Auch der Angestellte wurde dringend aufgefordert, etwas zu tun, zum Beispiel vom Arbeitgeber bezuschusste Achtsamkeitsseminare zu besuchen, die ihm dabei helfen sollten, dass ihn künftig nur noch »positiver Stress« umtreibe.

Mobilität und Flexibilität wurden in dieser Zeit zu den Leitbegriffen einer neuen Ideologie, die das Angestelltendasein und die herkömmliche Büroarbeit aus den Angeln heben sollte. In der Rückschau erkennt man, dass hier die Disruption durch das Homeoffice bereits planmäßig vorbereitet worden war. Mithilfe des Psychoterrors der Großraumbüros wurden die Angestellten langsam mürbe gemacht, umso empfänglicher waren sie für die Sirenengesänge der neuen digitalen Welt.

»Mobilität« wurde als ideologischer Begriff dabei viel weiter gedacht, als es etwa das Wort »Automobil« suggeriert. Denn die Bereitschaft zu Dienstreisen war damit nur noch am Rande gemeint. Auch das Mobiltelefon, das ortsunabhängige Erreichbarkeit garantiert, deckte die Intention des Begriffs nur unzureichend ab. Gemeint war vielmehr eine grenzenlose Mobilität im Kopf, die die Mobilmachung aller inneren Ressourcen einschloss. Die Beweglichkeit, die vom modernen Angestellten eingefordert wurde, war vor allem geistiger Natur.

Er sollte nun in der Lage sein, alles Alte dynamisch hinter sich zu lassen und voller Optimismus ins Offene zu schreiten. Hergebrachtes Wissen und tradierte Verhaltensweisen waren beständig auf den Prüfstand zu stellen, auf »Berufserfahrung« durfte sich keiner mehr ausruhen. Der Angestellte hatte sich den Ideen des Unternehmens mit dem

Einsatz seiner ganzen Persönlichkeit zu verschreiben, selbst wenn er gelegentlich eine 180-Grad-Kehrtwende hinlegte. Arbeitete er gestern noch an Software zur Manipulation von Abgaswerten bei Verbrennungsmotoren, so beschäftigt er sich heute eben mit Assistenzsystemen zum autonomen Fahren bei Elektroautos. Ist das obere Management der Meinung, dass Team-Diversity einen Schlüssel zum Erfolg bedeutet, hat der Angestellte auf der mittleren Ebene entsprechende Mitarbeiter zu rekrutieren.

Diese Fähigkeit zur raschen Anpassung an sich verändernde Marktbedingungen wird dem Angestellten nun pausenlos abverlangt. Wie das Unternehmen, in dem er arbeitet, hat er ohne Bereitschaft zur permanenten Selbsterneuerung keine Überlebenschance. Nur einen eigenen Überblick und damit Kontrolle über die Sachverhalte kann der Angestellte nicht mehr gewinnen, dafür ist die Welt zu komplex und schnelllebig geworden.

Gleichzeitig lastet deutlich mehr Verantwortung auf seinen Schultern. Wo der alte Chef, der klare Vorgaben erteilt, in den flachen Hierarchien immer weniger greifbar ist und man selbst den obersten Boss jetzt beim Vornamen nennen soll, entsteht ein Vakuum, das der Angestellte selbst füllen muss. Ohne äußeren Druck soll er allein aus innerem Antrieb tätig werden. In der Logik prozessualer Abläufe gibt es nichts mehr, wogegen er sich auflehnen könnte, gelenkig hat er sich an die Bedingungen anzupassen. Geht etwas schief, so liegt es im Zweifel an seiner mangelnden »Professionalität«. Als schwächstes Glied der Kette wird von ihm erwartet, selbstverantwortlich zu handeln, den Blick aufs Ganze zu haben, engagiert und kreativ zu sein. Ein »Unternehmer im Unternehmen« soll er werden, am Ende so eng mit der Firma verbunden, als wäre es seine eigene. Dass er bei seiner Arbeit zuallererst fremden Interessen dient, hat er in dieser Perspektive gänzlich verdrängt.

Selbst seine eigene Karriere soll er jetzt managen. Er soll sich weiterbilden, sein Netzwerk pflegen, sich auf Social Media präsentieren, seinen eigenen Marktwert steigern, Auslandsaufenthalte einplanen, nach besseren Stellen Ausschau halten, seine Arbeitskraft mal diesem und mal jenem Unternehmen zur Verfügung stellen. Die lebenslange Festanstellung beim gleichen Arbeitgeber ist eine Grille der Vergangenheit. Schon wer zehn Jahre in der gleichen Funktion verharrt, hat die Zeichen der Zeit nicht erkannt und ist offenkundig immobil geworden. Nur wer sich ändert, bleibt sich treu.

Längst hat der Angestellte dafür auch seine Freizeit den Anforderungen der Bürowelt angepasst. Sie dient nicht nur zur physischen Regeneration seiner Arbeitskraft, sie soll auch sein seelisches Gleichgewicht (»Work-Life-Balance«) optimal austarieren. Wird in der Woche von ihm verlangt, dass er etwas auf die Reihe bekommt, darf er am Wochenende auch mal aus der Reihe tanzen, sprich: Party machen oder sich betrinken. Zwickt und zwackt es im Rücken, weil er acht Stunden täglich vor dem Bildschirm sitzt, kommt er selbst auf die Idee, mit Sport anzufangen. Wird die Hose oder der Rock enger, stellt er seine Ernährung um. Langweilen ihn die Routinen seiner Arbeit, so sucht er Kicks auf Tinder oder erweitert seinen Horizont mit Kunst und Kultur. Beschleichen ihn dunkle Gedanken, schaut er sich nach psychologischer Hilfe um, da er weiß, dass im Büro optimistische, gut gelaunte Menschen gefragt sind. Ohne Brüche, mit seinem ganzen Menschsein möchte er dem Unternehmen zur Verfügung stehen.

Auf diese Weise waren die Grenzen zwischen innen und außen, zwischen beruflicher und privater Sphäre zunehmend poröser geworden. Der Angestellte war nun bereit für das größte Arbeitsexperiment der Neuzeit. Den allgemeinen Umzug ins Homeoffice.

Wir werden agil

Im März 2020 war es dann so weit. Innerhalb von zwei Wochen etablierte sich das Homeoffice nicht nur in meinem Verlag als allgemein verbindliche Arbeitsform. Auch wenn seine Einführung von Hektik und Anflügen von Panik begleitet war (»Wir dürfen keine Zeit verlieren, vielleicht gibt es ab Montag schon Ausgangssperren«), funktionierte die Umstellung relativ problemlos. Für jeden Redakteur wurde ein Laptop angeschafft, mit dem er mittels einer VPN-Verbindung Zugriff auf den Unternehmensserver mit dem Redaktionssystem sowie allen dort abgelegten Dokumenten hatte. Die IT half beim Aufbau der Verbindung und dem Einrichten der Programme. Sie demonstrierte dabei eine geisterhafte Zugriffsmacht aus der Ferne (»Ich übernehme dann mal ihre Maus«), die einen schon etwas beängstigen konnte. Allen war klar: Obwohl im Lande, nach den Worten der Bundeskanzlerin, die schwerste Katastrophe seit dem Ende des Zweiten Weltkriegs ausgebrochen war, musste der Erscheinungstermin der nächsten Ausgabe des Kunstmagazins um jeden Preis gehalten werden. Solche Stabilität waren wir unseren Lesern in einer schwankend gewordenen Welt einfach schuldig.

Die Arbeit von zu Hause aus unterschied sich nicht groß von der Arbeit im alten Büro. Die Redakteure bestellten Texte per Mail, redigierten die eingetroffenen Texte und richteten sie in den Templates des Redaktionssystems mit Überschrift, Vorspann und Bildunterschriften ein. Dann leiteten sie diese inzwischen zu Artikeln verwandelten Texte an die nächste Stufe des Workflows weiter, an die Chefredaktion oder das Korrektorat. Alles wie gehabt.

Etwas andersartig gestaltete sich die Etablierung neuer Formen der Kommunikation. Die vertraute Tatsache, dass die anderen Angestellten nur wenige Meter entfernt auf demselben Flur vor sich hin werkelten, hatte sich von einem Tag auf den anderen in Luft aufgelöst. Man konnte nun nicht mehr schnell »zur Grafik« rennen, um sich den Kasten für eine Headline aufziehen zu lassen. Oder der Bildredaktion ein Foto aus einem Katalog unter die Nase halten, das sie unbedingt, und zwar ganz schnell, für einen Artikel besorgen müsse. Die persönliche Begegnung war unmöglich geworden.

Interessant war, dass so gut wie niemand das Bedürfnis verspürte, diese Begegnung adäquat zu ersetzen. Man hätte ja leicht per Facetime den Kollegen anrufen können, so wie man es in Zeiten der Kontaktbeschränkungen mit seinen engsten Familienangehörigen getan hatte. Aber das erschien einem irgendwie unschicklich, wie ein Übergriff in die Privatsphäre. Auch der klassische Sprachanruf wurde nur äußerst selten angewandt. Dann mussten Dinge wirklich dringlich sein oder eine besondere emotionale Dimension haben. Ohne dass man es miteinander abgesprochen hätte, einigte sich das Team instinktiv auf die unpersönlichste Form des Austauschs, die E-Mail, die dann kurz darauf um das Kommunikations-Tool »Slack« erweitert wurde.

Dieses Verhalten war keineswegs als Abwendung von den Kollegen zu verstehen. Es entsprang eher einer neuen Sensibilität, war ein Akt der Rücksichtnahme. Und übernahm damit Gewohnheiten aus der Freizeit, wo man es sich schon lange abgewöhnt hatte, einfach so spontan bei jemandem aufzukreuzen oder ihn ohne SMS-Vorwarnung anzurufen (»Wollen wir heute um 16 Uhr mal telefonieren?«).

Seltsam, dass die Arbeitswelt da bisher hinterhergehinkt war. Aber wenn man es recht bedachte, so waren die persönlichen Begegnungen im alten Büro oft eine ausgesprochen einseitige Angelegenheit gewesen. Der Chef war zu allen Angestellten gerannt, wenn er eine Frage oder ein Problem hatte. Er liebte diese Form des direkten Austauschs, empfand sie als angenehm unkompliziert. Und auch als ausgesprochen effektiv, bekam er doch jedes Mal schnell eine Antwort oder Lösung präsentiert. Die Frage, ob er den jeweiligen Mitarbeiter gerade aus seiner Arbeit herausriss, vielleicht sogar massiv störte, kam ihm nicht in den Sinn. Wenn es sich um einen höflichen Chef handelte, läutete er die Unterbrechung gern mit den Worten ein, »Ich hoffe, es passt gerade …« oder »Ich weiß, ihr habt viel zu tun …«, was unter dem Gesichtspunkt der Ablenkung aber im Endeffekt auf das Gleiche hinauslief.

Umgekehrt sah die Sache hingegen komplett anders aus: Jeder Angestellte hätte zunächst mit allen Mitteln selber versucht, sein Problem zu lösen. Wäre ihm das nicht gelungen, hätte er eine vorsichtig formulierte E-Mail geschickt. Er wäre aber mit Sicherheit nicht ins Büro des Chefs gestürmt.

Auf diese Weise entlarvte sich unter Homeoffice-Bedingungen eine bestimmte Kommunikationsform des alten

Büros schnell als reine Machtdemonstration. Als Fossil des überwunden geglaubten Kadavergehorsams. Weil ich in der Hierarchie über dir stehe, kann ich dich jederzeit stören. Meine Angelegenheiten sind immer wichtiger als deine. Das betraf nicht nur das Verhältnis Chef/Mitarbeiter, es spiegelte auch die Statusunterschiede zwischen den einzelnen Angestellten wider. Der Senior Editor musste auf den Jungredakteur genauso wenig Rücksicht nehmen wie auf die Bildredakteurin oder Layouterin. Was der eine als gelungene Kollaboration verbuchte, ging auf die Kosten der Konzentration des anderen.

Im Homeoffice dagegen ging es von Anfang an wesentlich rücksichtsvoller zu. Mit dem Wegfall des physischen Bedrängens, des Sich-mit-Macht-in-den-Türrahmen-Stellens, blieb als höchste Form des Drängelns nur noch der Hinweis »DRINGEND« in der Betreffzeile der E-Mail oder eine Armada von Anrufen kurz hintereinander. Beides konnte der Mitarbeiter zeitnah zur Kenntnis nehmen, musste es aber nicht. Vielleicht war er ja selber gerade in einem wichtigen Gespräch (eher unwahrscheinlich). Oder er hatte sich abgeschottet und checkte seine Mails und Anrufe nur noch im Drei-Stunden-Takt, um effizient seinen eigentlichen Aufgaben nachzugehen. Beides konnte man ihm nicht zum Vorwurf machen. Die Kommunikation war herrschaftsfreier geworden.

Auch ein anderes Macht- und Kontrollritual stürzte sehr bald in sich zusammen. In den ersten Wochen des Homeoffice hatte sich das Team jeden Morgen um 10 Uhr vor dem

Bildschirm zum virtuellen Meeting einzufinden. Der Termin war vom Chef für alle in den digitalen Kalender eingetragen worden, sodass sich ihm niemand entziehen konnte. 15 Minuten vor Beginn des Meetings ließ der Kalender von Microsoft Teams, der die reale Redaktionsassistentin schon lange ersetzt hatte, eine kleine Fanfare zur Erinnerung ertönen. Wer jetzt noch im Pyjama seinen Kaffee schlürfte, musste sich mit Anziehen beeilen.

Dann begann das Meeting, bei dem sich schnell herausstellte, dass es überhaupt nichts zu besprechen gab. Wir waren schließlich ein Monatsmagazin mit eingespielten Abläufen, für das eine Themen- und Produktionskonferenz alle zwei Wochen vollkommen ausreichte. Und keine Intensivstation im Krankenhaus mit täglichen Neuaufnahmen und Abgängen. Den fatalen Umstand der offenkundigen Inhaltslosigkeit versuchte der Chef mit menschelnder Kommunikation zu überspielen. Vordergründig wurde sich nun breit nach dem persönlichen Wohlbefinden der Mitarbeiter erkundigt (»Hat noch jemand was auf dem Herzen?«, »Drückt irgendwo der Schuh?«). Doch alle bemerkten das Aufgesetzte, Unwahre daran. Wir waren ja hier nicht auf der Couch beim Therapeuten, sondern bei der Arbeit, wo es um die Lösung von Sachproblemen ging. Und wenn Empathie, dann bitte in konkreten Situationen.

Dafür stellte sich bald Mitleid mit den Vorgesetzten ein. Sie, die vermeintlich Sicherheit und Orientierung ausstrahlen sollten, waren selbst am unsichersten angesichts der neuen Verhältnisse. Und redeten sich um Kopf und Kragen vor einer schweigenden Bildschirmwand. Hatten sie Angst, sonst eines Tages überflüssig zu werden? Im Kern war das tägliche Meeting am Morgen nichts anderes als ein Zählappell. Eine Vergewisserung, dass sich alle Mitarbeiter zu Hause zum Arbeiten eingefunden hatten.

So überlagerten sich in den Anfangswochen des Homeoffice noch die Verhaltensmuster des alten Büros und die sich gerade neu konstituierende Wirklichkeit. Die Angestellten wurden wie kleine Kinder behandelt, die sich das erste Mal allein auf den Weg zur Schule begeben. Statt einer Überwachung mit GPS-Daten (oder heimlichem Hinterherfahren mit dem Auto) war es bei uns Erwachsenen die dichte Taktung von Meetings, mit der Kontrolle ausgeübt und das Loslassen eingeübt wurde. Doch von Tag zu Tag wuchs das Vertrauen in die Selbstorganisation der Mitarbeiter, immer öfter wurden nun Meetings kurzfristig abgesagt oder gleich ganz aus dem Kalender gestrichen.

Eine wesentliche Rolle spielte dabei die Einführung von Slack. Den webbasierten Instant-Messaging-Dienst der gleichnamigen amerikanischen Technologiefirma hatte uns die IT-Abteilung nachdrücklich empfohlen, um den internen Austausch des Teams zu unterstützen. Der Nutzen war so simpel wie offenkundig. Endlich kein E-Mail-Terror mehr! Auf einmal kommunizierten wir genauso modern wie diese Start-ups von der amerikanischen Westküste und hatten damit wohl endgültig das Industriezeitalter hinter uns gelassen. Was für ein Fortschritt!

Bei Slack trifft man sich in Channels, zu denen man einmal eingeladen wird, und tauscht sich dort aus. Auf wenige Personen beschränkte Mikroabsprachen sind genauso möglich wie virtuelle Stand-up-Meetings. In der Art der Nutzung erinnerte dieses Tool frappierend an einen Service, den die meisten von uns Angestellten bereits aus ihrer Freizeit kannten: den Messenger-Dienst WhatsApp des Facebook-Konzerns. Auch dort trifft man sich in Gruppen-Chats zu bestimmten Themen und ist so stets auf dem Laufenden.

Damit sickerte ein weiteres, in der Freizeit antrainiertes Verhalten in den Arbeitsalltag ein. Bei Slack verzichtet man auf respektvolle Anreden und obligatorische Grußformeln am Ende, die in der E-Mail noch gang und gäbe waren. Hier geht es immer gleich zur Sache, aber in einer locker verpackten Weise. Siezen ist verboten, Emojis sind erlaubt. Natürlich nicht offiziell, aber man passt sich eben an, wenn man im breiten Strom des Arbeitsgeplappers mitschwimmen möchte.

Eine ganz ähnliche Anpassungsleistung hatten die Angestellten erst wenige Jahre zuvor erfolgreich gemeistert, als im alten Büro plötzlich die Kleiderordnung vollends gekippt war. Das Abstreifen der äußeren Konventionen war quasi verpflichtend geworden, auf einmal trugen alle sich jung fühlenden Männer und Frauen Sneakers und Jeans, die Männer zusätzlich Dreitagebärte. Je mehr sich der optische Eindruck an der Freizeitbekleidung orientierte, desto offener und kreativer kam der Angestellte herüber. Er bekundete damit eine intrinsische Motivation, die sich nicht mehr auf äußeren Statussymbolen ausruhen wollte. Wobei auch dieser neue Ausdruck von Lässigkeit und gezielter Vernachlässigung des Äußeren kaum minder strengen Regeln gehorchte wie zuvor die Demonstration von Seriosität beim dunklen Business-Anzug. Der Dreitagebart hatte gepflegt und die Sneakers keine Billigturnschuhe von Deichmann zu sein.

Äußerlich war die Welt also bequemer geworden, und sie wurde noch komfortabler mit Slack. Die Vorteile dieser Form der Zusammenarbeit sind nicht von der Hand zu weisen. Neben der Zeitersparnis durch den Wegfall von Höflichkeitsfloskeln überzeugen vor allem die Ressourcen kollektiver Intelligenz, die einem hier in Echtzeit zur Verfügung stehen.

Durch den Unterton des Informellen haben alle das Gefühl, irgendwie freundschaftlich miteinander verbunden zu sein, an einem Strang zu ziehen. Das weckt eine bislang ungekannte Hilfsbereitschaft. Jemand hat technische Probleme, findet eine Befehlskombination nicht? Einer aus dem Team wird es schon wissen. Hindernisse werden so schneller aus dem Weg geräumt, zugleich entsteht ein kontinuierlich wachsendes digitales Arbeitskompendium.

Obwohl wir räumlich so getrennt wie nie zuvor arbeiteten, fühlten wir uns erstmals als Teil eines vernetzten, kollektiven Prozesses, in dem ein Rädchen ins andere greift. Die digitalen Tools hatten uns keine komplett neue Arbeitsweise übergestülpt, aber sie hatten wichtige Verhaltensweisen modifiziert. Der Workflow war nun weniger störanfällig geworden, Status und Rang hatten an Wichtigkeit eingebüßt. Autonomie und Selbstmanagement wurden gestärkt, bürokratische Zöpfe abgeschnitten. Wir hatten eine kleine Kulturrevolution vollzogen. Wir hatten begonnen, agil zu arbeiten.

»Agilität« ist seit den späten 2010er-Jahren zu einem Modewort in der Angestelltenwelt geworden. Längst hat es »Mobilität« und »Flexibilität« den Rang abgelaufen. Einen Manager auf der Höhe der Zeit erkennt man daran, dass er nicht mehr sagt: »Wir müssen flexibler auf die Anforderungen des Marktes reagieren«, sondern: »Wir müssen insgesamt agiler werden.« Von der ursprünglichen Wortbedeutung her erscheinen die Unterschiede auf den ersten Blick marginal. Mit »wendig, regsam und beweglich« umschreibt der Duden das kleine, spitze Wörtchen, das vom lateinischen *agere* (»handeln, treiben, in Bewegung setzen«) abstammt. Doch in der Managementideologie der Agilität schwingen noch weit umfassendere Bedeutungen mit.

Ihre Geburtsstunde hatte sie im Februar 2001 auf einer Skihütte im US-Bundesstaat Utah. Es waren jedoch keine Wirtschaftsprofessoren oder Unternehmensberater, die dort zusammengekommen waren, um der Ökonomie des 21. Jahrhunderts einen neuen Überbau zu geben. Sondern es waren 17 ausgewiesene Praktiker, Experten in der Entwicklung von Software, die etwas einte: ihr tiefer Unmut über die bürokratische Gängelung, die in ihrer Branche Einzug gehalten hatte.

Denn mit dem Siegeszug der Garagen-Nerds, mit der allgemeinen Digitalisierung der Wirtschaft war ihr ursprünglich anarchistischer, kreativer Geist weitgehend auf der Strecke geblieben. Das Imperium, genauer: Das alte Büro hatte zurückgeschlagen. Vordergründig zeigte es sich aufgeschlossen gegenüber den technologischen Neuerungen, innerhalb weniger Jahre hatten Computer die Schreibmaschinen und Tischrechner flächendeckend verdrängt. Doch bei seinen in Fleisch und Blut übergegangenen Prinzipien und Werten erwies es sich als weit weniger veränderungsbereit. Das alte Büro stülpte seine gelernte Arbeitsweise mit strikten Hierarchien und starren Abläufen der boomenden Softwarebranche über und hemmte sie damit nachdrücklich.

Hinter jedem Programmierer hatten sich – sinnbildlich – nun zehn Büromenschen mit Klemmbrett aufgestellt, die ständig Auskunft einforderten.

Alles sollte detailliert geplant und ausufernd dokumentiert werden, als handele es sich um das Bestellen von Ersatzteilen oder den Jahresabschluss für die Wirtschaftsprüfer. Über jeden Arbeitsschritt wollte das Management Bescheid wissen, selbst wenn es intellektuell gar nicht in der Lage war, ihn jeweils nachzuvollziehen. Immer höher wurde der Steuerungsaufwand, immer unflexibler die Entwicklung.

Viel zu wenig Raum gab es in dieser etablierten Managementkultur hingegen für Improvisation und situatives Feedback, für Rückkopplungen und wildes Denken. So etwas war schlicht nicht vorgesehen in den Routinen von Anweisung und Ausführung mit ihren wasserdichten Verträgen und auf Kostendisziplin getrimmten Kontrolleuren. Völlig aus dem Blick geriet dabei die simple Tatsache, dass es beim Coden nahezu unmöglich war, im Voraus alle Eventualitäten zu planen. Es ist eben kein Kopieren des Immergleichen, wie in der klassischen Produktion, sondern ein kreativer Prozess des Neu- und Weiterschreibens. Die Folgen dieses mangelnden Verständnisses waren allerorten spürbar: bei aus dem Ruder laufenden oder bei scheiternden IT-Projekten ebenso wie bei der Vielzahl digitaler Produkte, die konsequent an den Bedürfnissen der Kunden vorbeientwickelt worden waren.

Aus diesem Würgegriff der Bürokratie wollten sich 2001 die in Utah versammelten Programmierer und Projektierer befreien. Ihr dort entstandenes *Manifest für agile Software-entwicklung* sollte einen Paradigmenwechsel einläuten. In vier Leitsätzen und zwölf Geboten legten sie fest, was alles anders werden müsse, damit künftig bessere Resultate erzielt würden. Es sind Maximen, die jedem betriebswirtschaftlichen Planer oder Manager der mittleren Leitungsebene damals den kalten Angstschweiß auf die Stirn trieben. Eine kleine Kostprobe: »Begrüße sich ändernde Anforderungen, selbst spät in der Entwicklung.« »Funktionierende Software ist das wichtigste Fortschrittsmaß.« »Einfachheit – die Kunst, die Menge nicht getaner Arbeit zu maximieren – ist essenziell.« »Die besten Architekturen, Anforderungen und Entwürfe entstehen durch sich selbst organisierende Teams.«

Dass dieser Vorstoß nicht als weltfremde Spinnerei abgetan wurde, lag an einem klugen Schachzug. Die Autoren machten sich gleich in Punkt 1 ihres Manifests die Perspektive des Kunden zu eigen: »Unsere höchste Priorität ist es, den Kunden durch frühe und kontinuierliche Auslieferung von Software zufriedenzustellen.« Damit und mit der Forderung, dass Techniker und Business-Experten künftig viel enger zusammenarbeiten sollen, gelang ihnen ein Schulterschluss mit dem höchsten Management, für das solche Forderungen Musik in den Ohren waren. Bei der eigenen Community, den anderen Entwicklern und Programmierern, kamen die agilen Prinzipien sowieso gut an. Versprachen sie doch eine mehr an ihren wirklichen Bedürfnissen orientierte Arbeitskultur, die auf Zusammenarbeit, Selbstverantwortung und flache Hierarchien setzt.

Heute ist Agilität die vorherrschende Form der Arbeitsorganisation in der Softwareindustrie, aber auch in vielen anderen Branchen. Wollen Großkonzerne punktuell etwa inhouse eine Start-up-Kultur einführen, so kann man sich sicher sein, dass dafür keine neuen Abteilungen geschaffen, sondern agile Teams in Gang gesetzt werden. Standard ist diese Methode überall da, wo Prozesse einen hohen Kreativitätsanteil aufweisen und Resultate von Projekten nicht exakt kalkulierbar sind – aber wo dennoch schnell geliefert, also ein neues Produkt entwickelt werden soll.

Abschied vom Boss

Um die agilen Prinzipien anzuwenden und zu verinnerlichen, benötigte man neue Regelwerke mit neuen Rollen. Der geläufigste Ordnungsrahmen dafür wurde Scrum, ein aus dem japanischen Lean-Management entwickeltes Modell, bei dem die Manager zu Moderatoren werden. Im Mittelpunkt von Scrum steht ganz klar das Team und nicht mehr die Hierarchie. Um seine Mission zu erfüllen, erhält das Team große Freiheiten. Dazu gehört beispielsweise die Selbstverantwortung bei der Planung. Das Team kalkuliert seine Aufgaben mittels digitalisierter Workflows vollkommen eigenständig. Dabei zerlegt es den Entwicklungsprozess in kleine Zyklen (Iterationen), die nur wenige Wochen andauern sollen.

Diese Zeiteinheiten werden in »Sprints« abgearbeitet. Sie sind das eigentliche Herzstück agilen Arbeitens – eine Bündelung intellektueller Energie, die Konzentration ermöglicht und das Verzetteln verhindert. An der jeweiligen Ziellinie des Sprints wird das Zwischenergebnis, das im besten Fall schon funktionsfähig ist, von allen begutachtet und bewertet. Es wird Feedback gegeben, neue Erkenntnisse werden eingespeist, die Planung wird angepasst. Alle Teammitglieder sind hierbei gefragt, ihr Mitdenken und Mitentscheiden sind essenziell. Dabei sollen sie immer das große Ganze im Blick haben. Jeder ist jetzt ein kleiner Vorgesetzter für den anderen, auch wenn dieses Wort beim agilen Arbeiten verpönt ist. Und dann wird gemeinsam der nächste »Sprint« in Angriff genommen.

Das Management hat sich bei Scrum aus seiner alten Rolle zurückgezogen und ist in eine neue geschlüpft. Es spornt nun nicht mehr mit der Trillerpfeife an, sondern sorgt für Bedingungen, die eine optimale Produktivität des Teams ermöglichen. Durch die Implementierung zweier neuer Managementfunktionen wird das gewährleistet. Die erste Funktion, der Product Owner, verkörpert die Kundenperspektive und filtert aus dieser Sicht alle Informationen, die für das zu schaffende Produkt notwendig sind. Er schirmt das Team vor kleinteiligen Änderungswünschen ab und schafft so einen Schutzraum, in dem es ungestört arbeiten kann.

Die zweite Funktion, der Scrum Master, hingegen ist der »Kümmerer« nach innen, der die Einhaltung der agilen Grundsätze im Auge hat. Frühzeitig identifiziert er mögliche interne Hindernisse, löst psychologische und kommunikative Knoten. Dafür benötigt er ganz andere Schlüsselqualifikationen als die Managergenerationen vor ihm. Statt Durchsetzungsstärke ist nun Fürsorglichkeit gefragt. Weil Konflikte für das Team die größtmögliche Belastung und Zielgefährdung darstellen, soll der Scrum Master sie im Vorfeld erkennen und lösen. All sein Agieren ist auf Entspannung und Transparenz gerichtet. Er organisiert den Stuhlkreis der nunmehr sich selbst steuernden Projektmitarbeiter und wacht über die sanfte Doktrin der Gruppenverantwortung. Das verlangt ein hohes Maß an Einfühlungsvermögen und geistiger Flexibilität.

Klassische Vorgesetzte sind beide nicht mehr, weder der Product Owner noch der Scrum Master. Ihr Wirken gleicht eher dem eines Moderators oder Mentors. Der Chef aus dem alten Büro mit seinem Verlangen nach Gehorsam wurde durch die Hintertür verabschiedet. Das Verdienst, diese Tür geöffnet zu haben, kommt zwei Dänen zu, Jacob Bøtter und Lars Kolind. In ihrem 2012 erschienenen Buch *Unboss,* einem schnell populär gewordenen Managementratgeber, läuten sie das Sterbeglöcklein für die Egomanen auf den Chefetagen, mit denen als Person auch ihre Praxis der Führung obsolet wird. Der Manager neuen Typus hat auch »nicht mehr alle Antworten parat«. Aber er versteht es, »die richtigen Fragen zu stellen«. Sein Hauptaugenmerk liegt nun nicht mehr auf dem Erzielen von Profit, sondern er will »gemeinsam mit den Kunden Werte schaffen«. Dass er arbeitet, wo und wann es ihm passt, versteht sich von selbst.

Ihren größten Fürsprecher fand die Unboss-Bewegung bislang in Vasant »Vas« Narasimhan, dem seit 2018 amtierenden CEO des Schweizer Pharmariesen Novartis. Der dynamische, aber zugleich nachdenkliche Management-Visionär gab den Anstoß zu einem radikalen Wandel in der Unternehmenskultur. Bei Novartis sollen sich nun alle Mitarbeiter sicher fühlen, ihre Meinung zu sagen, Risiken klug einzugehen und gelegentlich zu scheitern. Nur so sei Lernen und Wachstum, das heißt: eine erfolgreiche Ankunft in der digitalen Zukunft möglich. Noch weiter ging man beim Schweizer Taschenhersteller Freitag, wo man das radikale Managementkonzept der Holokratie des US-Amerikaners Brian J. Robertson anwendet. Hier sind die Vorgesetzten gleich ganz abgeschafft, ihre Aufgaben sind auf ein von allen Mitarbeitern anerkanntes Regelwerk übergegangen. Kein Wunder, dass das Chefsein bei der jüngeren Generation immer weniger gefragt ist. Es scheint kein Beruf mit Zukunft sein. Wahrscheinlich übernehmen auch hier bald die Algorithmen der künstlichen Intelligenz.

Doch bevor der Chef in Menschengestalt endgültig verschwunden sein wird, dürfen sich die Angestellten im Homeoffice schon mal an seine physische Abwesenheit gewöhnen. Das verlangt ihnen einiges ab: Nicht nur, dass sie kompetent agieren müssen, sie sollen nun auch ständig selbst miteinander kommunizieren und dabei jederzeit für Änderungen offen sein. Keinesfalls gewünscht ist Scheuklappendenken – wer solches an den Tag legt, nimmt sich als Mitarbeiter selbst aus dem Spiel. Vom agil arbeitenden Angestellten wird erwartet, dass er von Sprint zu Sprint seine Belastbarkeit und Anpassungsfähigkeit kontinuierlich trainiert, sein Empowerment ausbildet.

Denn nur so kann der kreative Prozess auf Dauer gestellt werden – die mächtig fließende Kaskade von kognitiven Arbeitsergebnissen, die nie isoliert erscheinen, sondern immer auf das bereits Erreichte rückgekoppelt sind. Damit das Produkt nicht erst am Ende eines langen Entwicklungsprozesses sichtbar wird, sondern schon vorher Gestalt annimmt. Eine Gestalt, die sich nach Bedarf transformiert, nie starr und fertig ist.

Verstecken kann sich in solchen Prozessen keiner mehr, die flachen Hierarchien und neuen Managementrollen legen

Stärken und Schwächen schonungslos offen. Das Team weiß immer, was jeder Projektbeteiligte gerade macht. Die Feeds der Zusammenarbeits-Tools, in denen man sich andauernd abstimmt und Mikro-Entscheidungen trifft, erzeugen einen beständigen Strom an Aktivitäts- und Leistungsdaten. Diese radikale Transparenz führt zu einer deutlichen Erhöhung der Entwicklungsgeschwindigkeit. Um den nächsten Arbeitsschritt anzugehen, muss hier keiner mehr auf ein »Abnicken von oben« warten. Zugleich möchte niemand der Loser sein, der den Sprint der anderen aufhält. Alle rudern immer mit voller Kraft. Den Fortschritt der Arbeit braucht keine äußere Überwachungsinstanz mehr zu kontrollieren. Das erledigt das Team jetzt selbst.

Auf dem Weg in diese schöne neue Arbeitswelt waren wir im Homeoffice nun die ersten Schritte gegangen, noch weit davon entfernt, vollkommen agil zu handeln. Und doch zeichneten sich schon bald die ersten feinen Trennlinien ab, die zuvor im alten Büro so nicht sichtbar gewesen waren. Denn ein Teil der Mitarbeiter erwies sich als digital deutlich kompetenter. Sie schienen Spaß beim Ausprobieren der erweiterten Möglichkeiten zu haben, fanden sich schnell in den neuen Kommunikations-Tools zurecht. Der andere Teil hingegen, und, ja, man muss es sagen, es waren meist die Älteren, hatte dauernd Probleme: Diese Mitarbeiter waren stets aufs Neue erstaunt, dass man ihren Redebeiträgen mit stumm geschaltetem Mikro nicht folgen konnte. Sie waren nicht in der Lage, Einladungen für Video-Meetings zu verschicken oder anzunehmen. Ein Dokument für alle auf dem Bildschirm zu teilen schien vollkommen außerhalb des Bereichs ihrer Möglichkeiten. Die Standardentschuldigung lautete: »Das habe ich noch nie gemacht.« Der Wahrheit näher gekommen wäre eher der Satz: »Das habe ich noch nie versucht, und ich habe es auch nicht vor.«

Zugegeben, das ist jetzt etwas übertrieben dargestellt. Aber an der Zweiteilung der neuen Arbeitswelt änderte sich nichts. Es gab die Lahmen und die Flinken, die Schwerfälligen und die Wendigen. Mit Erfahrung oder besonders selbstbewusstem Auftreten war hier nichts mehr zu gewinnen. Entweder man beherrschte die digitalen Skills – oder eben nicht.

Die »Zoomutung« und andere Schattenseiten

Zu sehen war das bei den nun regelmäßig stattfindenden Zoom-Meetings. Warum auf einmal die klassische Telefonkonferenz, kurz Telko, zu der man sich von verschiedenen Orten aus einwählte, von einem Tag auf den anderen ausgedient haben sollte, konnte einem niemand erklären. Sie gehörte wohl noch zur Fax-Ära, so wie auch E-Mails oder getippte Sprachnachrichten. Dafür war nun die strom- und datenfressende Videokonferenz das Maß aller Kommunikation geworden. Obwohl sie wirklich keiner mochte. Von ein paar kleinen Vorteilen abgesehen, etwa wenn ein IT-Angestellter zu Schulungszwecken auf den externen Bildschirm zugriff, waren Zoom-Meetings vor allem eines: nervenaufreibende Veranstaltungen, die einem jegliche Energie raubten. Nicht von der Hand zu weisen war der Verdacht, dass es sich bei Zoom um ein Folterwerkzeug aus Kalkül handelte, das auf menschlich und sympathisch machte (»Wir sehen uns als Team ja ohnehin schon so wenig«), aber in Wirklichkeit ein besonders perfides Überwachungsinstrument darstellte.

Denn Zoom war das einzige Fenster, durch das man von außen in die subjektive Welt des Homeoffice schauen konnte. Es legte unbarmherzig offen, ob jemand über einen ausreichenden Breitbandanschluss verfügte und einen adäquaten Platz zum Arbeiten hatte. Es zeigte, ob der Mitarbeiter sich gehen ließ und vielleicht die persönliche Hygiene (Haarschnitt!, Kleiderwechsel!) vernachlässigte, oder ob er den optimistischen Elan des Arbeitslebens auch in den eigenen vier Wänden zelebrierte. Mit Zoom erlaubte der Angestellte seiner Firma einen Zugang zum empfindlichsten und schützenswertesten Bereich seines Lebens: dem Zuhause.

Wer darin geübt war, sein Leben in den sozialen Medien auszustellen, war bei der Anwendung von Zoom eindeutig im Vorteil. Er wusste, aus welchem Winkel das Licht einfallen sollte, damit es nicht so aussah, als müsse man dringend an die frische Luft. Er tat sich leicht, mit dem toten Auge der Kameralinse zu kommunizieren und Gesichter aufzusetzen, die einem »Daumen hoch« glichen, dem inzwischen allseits anerkannten Symbol für Zustimmung und Sympathie. Er kannte die Tricks der Inszenierung, die subtilen Botschaften im Hintergrund, die mit der Person zu einem Gesamteindruck verschmolzen.

Am sichersten war er jedoch darin, sich vor ungewollten Enthüllungen zu bewahren. Niemals wäre er auf die Idee gekommen, sich rauchend oder mit einem Glas Wein in der Hand zu präsentieren. Auch eine Teilnahme am Zoom-Meeting zwischen zerwühlten Kissen im Schlafzimmer oder in der schäumenden Badewanne wäre für ihn undenkbar gewesen. Stattdessen verlegte er sich auf eine Darbietung, die ihm professionell angemessen vorkam. Gern klassisch vor einer Bücherwand, um zu demonstrieren, was für ein kultiviertes Leben er führte. Oder in anderen ausgewählten Rollen: als Ästhet mit kennerhafter Kunst im Hintergrund. Als Purist, der sich von allem Schnickschnack befreit hatte und sich ganz auf das Wesentliche, also die Arbeit, fokussierte. Als Corona-Sonderfall des Alleinerziehenden mit quengelndem Kind in der Nähe, was Verantwortungsbewusstsein ausdrückte und die Fähigkeit zum Multitasking. Oder, am fortschrittlichsten, als Digital Native mit wechselnden virtuellen Projektionen im Rücken, was sowohl von einem sensiblen Umgang mit persönlichen Daten als auch einem spielerischen Zugriff auf die Lebenswirklichkeit zeugte.

Darüber hinaus etablierte Zoom eine ganz neue Weise des Sprechens. Die Stimme wurde von Woche zu Woche kontrollierter, ebenso der Blick. Überraschend strukturiert versuchte der Angestellte nun, seine Themen zu setzen, jetzt, da er kein physisches Feedback mehr erhielt. Keine Signale aus der Umgebung, kein Stirnrunzeln, Geraschel oder Lächeln, auf das er hätte reagieren können. Gewissermaßen sprach er ins Leere, war sein eigenes Echo, auch wenn da draußen die auf Briefmarkengröße geschrumpften Kollegen angeblich konzentriert zuhörten. Um diese Leere der ausbleibenden Reaktion zu füllen, bemühte er sich, so akzentuierend und durchdringend wie möglich zu sprechen, ähnlich Vieltelefonierern in einem ICE-Großraumwagen. Und der Angestellte fasste sich automatisch kurz, ließ mäandernden Gedanken keinen Raum. Kompakt, sparsam und klar, so wollte er herüberkommen.

Auch fiel er den anderen nun nicht mehr ins Wort, erhitzte sich nicht in Debatten mit unbedachten Äußerungen. Sondern blieb stets bei der Sache, abgeklärt und kühl.

Außerhalb der eigenen Redebeiträge stellte der Angestellte das Mikrofon konsequent auf stumm, um nicht in die Versuchung zu geraten, in alte Muster zurückzufallen. Es hatte den Anschein, als diszipliniere die Videotelefonie-Software ihn dazu, alle Emotionen herauszufiltern. Echte Freude und Verzweiflung, nachhaltiger Ärger und Enthusiasmus waren in diesem Format fehl am Platz. Er wäre sich selber seltsam vorgekommen, so als gäbe er etwas zu Persönliches preis. Zoom dressierte ihn zur Sachlichkeit, die ein Reflex der Angst war. Angst davor, sich zu verraten und an einem ohnehin intimen Ort wie dem Homeoffice noch zusätzlich eine innere Empfindlichkeit zu gestehen. Es war die Angst, dass sich aus einem plötzlichen Kontrollverlust eine Lücke öffnete, durch die sich das eigene Unbewusste den anderen hätte offenbaren können.

Das fiel ihm, oberflächlich betrachtet, gar nicht so schwer. Schneller, als er dachte, ging es ihm in Fleisch und Blut über. Das geheime Wissen der Erfolgreichen, die begriffen hatten, dass Körpersignale systematisch beobachtet, korrigiert und eingeübt werden können, ohne dass man dabei an Authentizität verliert, leuchtete ihm auf einmal spontan ein. Eine produktive Selbstverwandlung hatte begonnen. Oder sollte man besser sagen: eine Anverwandlung an die digitalen Kommunikations-Tools?

Doch Zoom hatte auch seine Schattenseiten. Das Einfrieren von Stimme und Bild, hervorgerufen durch die technisch bedingten Verzögerungen bei der Übertragung von Audio- und Videosignalen, wurde von den meisten Teilnehmern als anstrengend wahrgenommen. Das lange Starren auf den Bildschirm, die permanente Konfrontation mit dem eigenen Spiegelbild, das Kommunizieren mit verpixelten Kacheln machten müde und erschöpft. Immer blutleerer und unkreativer wurden die Video-Meetings auch in unserem kleinen Team und beschränkten sich bald nur noch auf das Abarbeiten von vorformulierten Agenda-Punkten. Und es gab einen bestimmten Mitarbeitertypus, der verstummte. Er hatte schon vorher nicht die großen Reden geschwungen, war aber in der kollektiven Wärme des physischen Meetings meist langsam aufgetaut und glänzte dann mit gründlich überlegten Redebeiträgen. Von diesen introvertierten Mitarbeitern kamen oft die originellsten Ideen, die effizientesten Lösungsvorschläge. Jetzt schien es, als litten sie besonders unter der emotionalen Mehrarbeit, die Zoom einforderte.

Dass Videokonferenzen mehr Stress verursachen als persönliche Treffen, ist inzwischen wissenschaftlich belegt. In einer Studie mit mehr als 10 000 Befragten haben Jeffrey Hancock, Professor für Kommunikationswissenschaft an der Stanford University, und sein Team im Frühjahr 2021 die Existenz einer »Zoom Exhaustion and Fatigue« nachgewiesen. Die Erschöpfung und Müdigkeit, die durch Zoom, Teams, Skype und andere Videodienste ausgelöst wird, liegt nach Hancocks Erkenntnissen an der multiplen Selbstbespiegelung. Nicht nur, dass sich die Zoom-Teilnehmer ständig von anderen beobachtet fühlen, sie beobachten sich zusätzlich auch noch permanent selbst. Diese selbstbezogene Aufmerksamkeit, die in der Sorge mündet, optisch und verbal einen schlechten Eindruck zu hinterlassen, schiebt sich zunehmend vor den eigentlichen Inhalt der Kommunikation. Für Frauen ist das übrigens deutlich anstrengender als für Männer, hat Hancock herausgefunden. Um nicht unseriös zu erscheinen, unterdrücken sie im virtuellen Raum öfter den Impuls, sich ins Gesicht zu fassen oder über die Haare zu streichen. In physischen Gesprächen würden sie dieses nonverbale Kommunikationsverhalten normalerweise nicht kontrollieren, es sei denn, es wären lauter Spiegel um sie herum aufgestellt.

Ist das noch Arbeit oder schon Freizeit?

Trotz der »Zoomutung« der Videokonferenzen bewerten die meisten Angestellten in meiner Umgebung das Homeoffice als positiv. Man klagt ein wenig über die Isolation, vermisst den Small Talk mit den Kollegen. Doch kaum jemanden drängt es jetzt, da es wieder möglich wäre, zurück ins alte Büro. Beliebt zum Beispiel ist das Ritual des gelegentlichen Vorbeischauens geworden, wenn man die Post abholen will und auf Zufallsbegegnungen hofft. Die Ersparnis des täglichen Weges zur Arbeit und des Sich-dafür-Zurechtmachens wird als deutliche Verbesserung der Lebensqualität empfunden. Auch die Möglichkeit, seine Zeitressourcen selbstbestimmt einzuteilen und bei den Mahlzeiten nicht auf Kantinen oder Restaurants angewiesen zu sein, wird wertgeschätzt. Den Luxus, sich zwischendurch ein Müsli zu machen, ein Bad einzulassen oder eine Yoga-Session zu absolvieren, möchte keiner mehr missen. Und für Raucher ist das Homeoffice ohnehin das Paradies.

Die Gefahr der Prokrastination, des Aufschiebens wichtiger Arbeitsaufgaben, die am Anfang an die Wand gemalt wurde, entpuppte sich schnell als übertrieben. Zu Hause sind die Ablenkungen für den Angestellten nicht größer als bei der Arbeit, sie sind nur anders (Einkauf, Aufräumen, Kochen). Wer zuvor ein Problem mit dem Aufschieben im Büro hatte, begegnete ihm auch in den eigenen vier Wänden. Für die anderen war die digitale Kette aus Slack-Feeds, Teams-Erinnerungen und Zoom-Meetings

ausreichend dafür, sie zum Erledigen ihrer Aufgaben anzu-
halten. Für viele fühlte sich dabei vor allem die Tatsache
staunenswert an, in welch kurzer Zeit man seine eigentliche Arbeit erledigen konnte. Erstmals begriffen sie die
Wirkungsweise des von dem britischen Soziologen Cyril
Northcote Parkinson 1942 aufgestellten Gesetzes, dass
sich Arbeit immer in die Zeit ausdehnt, die ihr zur Verfügung gestellt wird.

Umso überraschender jedoch, wie durchwachsen die
Reaktionen auf das Homeoffice in einer offiziellen Umfrage
unseres Betriebsrats ausfielen. Bei dieser Bestandsaufnahme
18 Monate nach allgemeiner Aufhebung der Präsenzpflicht
ging es, dem Titel nach, um die »Entgrenzung der Arbeit
durch Digitalisierung«. Doch die hatte es, dank Smartphone und Tablet, schon vorher gegeben. Nun, in der Pandemie und in Zeiten des Homeoffice, schien sie sich zum
übermächtigen Problem auszuwachsen.

So gab gut die Hälfte der Befragten an, dass es jetzt noch
schwieriger geworden sei, Arbeit und Privatleben voneinan-
der abzugrenzen, und dass sie das als Belastung empfinden
würden. Leidtragende seien Familie, Freizeit und soziales
Leben, dann die Gesundheit und, etwas weiter abgeschlagen,
die Qualität der Arbeit. Sie forderten, dass der Arbeitgeber
mehr gegen diese Entgrenzung tun müsse, beispielsweise
mit betrieblichen Regelungen zur Nichterreichbarkeit. Nur
ein geringer Prozentsatz erwärmte sich hingegen für eine
digitale Erfassung der Arbeitszeit. Was im offenkundigen
Widerspruch stand zur Aussage, dass man im Homeoffice

mehr arbeite als im normalen Büro. Hier hätte es doch in der Überstundenkasse klingeln können!

Solche Aussagen sind wahrscheinlich der dialektischen List der Angestellten geschuldet. Dass sich der Betriebsrat die Frage verkniff: »Wollen Sie so schnell wie möglich ins alte Büro zurück?«, kann man als sicheres Indiz für die Beliebtheit dieser neuen Arbeitsform werten. Indirekt versucht man, sie dem Arbeitgeber schmackhaft zu machen, indem man behauptet, dass man zu Hause mehr arbeitet. Überprüfen lässt sich das nicht, bei Wissensarbeitern sind die Leistungsparameter schwer zu erfassen. Die Vermutung liegt nahe, dass sich der Angestellte im Homeoffice generell effizienter vorkommt. Schließlich kann er sich hier die Stunden aussuchen, in denen er am produktivsten ist.

Aber auch die Versuchung zur Selbstausbeutung steigt im Homeoffice, und daher rührt vielleicht die Unzufriedenheit der Befragten. Wer immer arbeiten kann, dem fällt das Loslassen von der Arbeit womöglich schwerer. Überall schwingt sie mit, ständig arbeitet man ein bisschen. Schon morgens beim ersten Schluck Kaffee, wenn der Angestellte auf dem Handy seinen beruflichen E-Mail-Account checkt. Und dann wieder abends, kurz vor dem Zubettgehen, wenn er der digitalen Präsentation für den nächsten Tag den letzten Schliff gibt. Auf diese Weise dehnt sich der Arbeitstag immer weiter künstlich aus und erzeugt beim Angestellten das Gefühl, nie an ein Ende zu kommen.

Wer dann über Schlafprobleme klagt, der braucht sich nicht zu wundern. Das blaue Bildschirmlicht der Notebooks, Tablets und Smartphones ist Gift für das Schlafhormon Melatonin. Es greift direkt in unsere Chronobiologie ein und bringt unseren Schlaf-wach-Rhythmus durcheinander. Kommen noch Termindruck, zu wenig Erholungsphasen und Multitasking hinzu, hat sich der Angestellte schnell einen toxischen Cocktail gemischt, der zu Dauerstress und permanenter Erschöpfung führt. Im schlimmsten Fall hat das psychische Erkrankungen zur Folge, der Mitarbeiter brennt aus.

Bei dieser Entgrenzung der Arbeit durch digitale Technologien spielt das Smartphone die unheilvollste Rolle. Es ist das private Gerät, das am meisten dienstlich genutzt wird. Mit ihm haben wir uns ein modernes Trojanisches Pferd geschaffen, das der beruflichen Welt das Eindringen in die private Welt ermöglicht hat. Die Pointe dabei ist, dass der Angestellte selbst dem Smartphone Tür und Tor geöffnet hat. Kein Vorgesetzter hat ihn dazu gezwungen, höchstens mal mit einem schicken Diensthandy etwas nachgeholfen. Der Angestellte tat es aus freien Stücken und bereitete sich so zielgerichtet auf die neuen Arbeitsformen vor. Zu vorteilhaft erschien es ihm, sein berufliches und soziales Leben in diesem Gerät miteinander zu vermischen, zu verlockend, noch einmal schnell auf dem Kinderspielplatz die dienstlichen Mails zu checken. Das Smartphone ist das Homeoffice in der Hosentasche. Mit ihm rückt die Arbeit dem Angestellten buchstäblich auf den Leib. Das Zusammenwachsen von Mensch und Maschine ist auf einmal keine Science-Fiction-Fantasie mehr.

Die kommunikative Inanspruchnahme des Angestellten erreichte damit ungeahnte Ausmaße. Das Smartphone fragmentierte seine Aufmerksamkeit und beschleunigte seinen Lebensrhythmus. Zunehmend empfand er Nichtstun und Tagträumerei als Zumutung und wischte lieber fahrig über den kleinen Bildschirm. War vielleicht doch noch eine Nachricht vom Chef gekommen? Verpasse ich womöglich was? Da in dem kleinen Wunderding so viele suchterzeugend programmierte Anwendungen stecken, die unbedingt wollen, dass wir möglichst viel Zeit mit ihnen verbringen, hatte der Angestellte auf einmal das Gefühl, gar keine Zeit mehr zu haben. Er fühlte sich unruhig, gehetzt, ständig unter Strom, »always on«. Die Technologie, die ihm das Leben leichter machen sollte, hatte begonnen, ihn mit neuen Problemen zu traktieren.

Alle digitalen Werkzeuge sind vermutlich dadurch charakterisiert, dass sie immer noch mehr Kommunikation erzeugen. Es erfordert fast übermenschliche Kräfte, sich diesem Bedürfnis zu entziehen. Helfen tut hier nur der konsequente Verzicht (»Ich kann nicht auch noch auf Pinterest und Clubhouse sein«). Doch je mehr andere Angestellte am digitalen Gespräch teilnehmen, desto dringender wird auch vom einzelnen Angestellten erwartet, dies ebenfalls zu. Er soll nun ständig mitlesen und reagieren, posten und liken.

Wie wird man diese zeitraubenden Zumutungen nun wieder los, die den Arbeitstag in lauter kleine Aufmerksamkeitskrümel zerbröseln lassen?

Die Gewerkschaften erhoffen sich viel von neuen »Regelungen zur Nichterreichbarkeit«. Doch in diesem Wunsch steckt etwas Regressives: ein Ruf nach Verboten, verbunden mit dem Eingeständnis, das Problem selbst nicht in den Griff zu bekommen. In unserer Firma etwa verlangt niemand, dass man abends, nachdem die Kinder ins Bett gebracht sind, noch den Laptop aufklappt und den Tweet des Vorgesetzten mit einem Herzchen versieht. Alles geschieht aus eigener Initiative. Die digitale Überforderung, die irgendwann zur digitalen Erschöpfung wird, hat in erster Linie subjektive Gründe. Sie resultiert aus dem Unvermögen des Angestellten, Grenzen zu ziehen, sich nicht zum Sklaven der technologischen Möglichkeiten zu machen. Es ist die Janusköpfigkeit des Homeoffice: Die neuen Freiheiten schaffen neue Zwänge.

Die ersten, die bei uns im Verlag einen anderen Umgang mit den modernen Kommunikationsmitteln erprobten, waren ausgerechnet die Digital Natives, die Angestellten der IT-Abteilung. Im modernen Büroalltag sind sie die Rettungssanitäter, immer zur Stelle, wenn ein Programm abstürzt oder eine Datei verschwindet. Früher, in Zeiten des alten Büros, waren sie über ihre Mobiltelefone erreichbar. Heute, im Homeoffice, haben sie sich komplett abgeschirmt. Man muss nun ein automatisiertes Ticket lösen, dabei kurz sein Problem beschreiben, erhält eine standardisierte Empfangsbestätigung und wartet dann, bis die IT sich meldet. Das kann dauern und durchaus nervös machen. Aber insgeheim bewundert man sie. Sie haben es geschafft, den Spieß umzudrehen. Sie kommunizieren nun asynchron und können so in Ruhe, ohne Störungen und Unterbrechungen, ihre Aufgaben abarbeiten.

Der Ausstieg aus dem digital beschleunigten Hamsterrad kann nur auf diese Weise gelingen. Normen müssen sich ändern, neue Regeln sozial ausgehandelt werden. Das Recht auf Log-off und Ungestörtheit sollte offensiv eingefordert werden. Doch sind die isolierten Angestellten im Homeoffice stark genug dafür? Schaffen sie es, sich abzugrenzen, Nein zu sagen, klar in ihren Bedürfnissen zu werden? Gelingt es ihnen, sich genügend Selbstdisziplin anzutrainieren, um die zunehmende Kommunikation intelligent zu steuern? Das sind Fragen, die über die Zukunft der Arbeit entscheiden werden. Nur eines ist klar: Wir müssen das Abschalten wieder neu lernen.

Epilog

Im Februar 2013 überraschte Marissa Mayer, die damals frisch installierte Chefin von Yahoo, ihre 12 000 Angestellten mit einer Forderung. Per Rundbrief teilte sie mit, dass die Firma von allen Mitarbeitern erwarte, bis spätestens Juni ins Büro zurückzukehren. Ihre Begründung: »Bei Yahoo zu sein, das ist nicht nur ein Job, den man von Tag zu Tag erledigt. Es geht um eine Zusammenarbeit, die nur in unseren Büros möglich ist.« In den Jahren zuvor hatte das Unternehmen seinen Entwicklern, Marketingspezialisten und Vertriebsleuten freigestellt, von wo aus sie ihrer Arbeit nachgingen. Dass ausgerechnet Mayer, die junge, schillernde New-Economy-Ikone, die gerade erst selbst ein Kind zur Welt gebracht hatte, in das alte Muster der Nine-to-five-Präsenzpflicht zurückfiel, schlug damals hohe Wellen. Man wollte es kaum glauben und unterstellte ihr, auf diese Weise nur die Arbeitsplätze der Nichtrückkehrwilligen abbauen zu wollen. Das New Work hatte seine erste große Krise.

Vor einem ganz ähnlichen Problem wie damals Mayer stehen heute viele Unternehmen. Obwohl sie nicht zur digitalen Ökonomie gehören und das Homeoffice auch nicht freiwillig eingeführt haben. Die *Welt am Sonntag* vermeldete jüngst, in den Führungsetagen der deutschen Wirtschaft werde derzeit keine Frage »so heftig diskutiert wie die Rückkehr ins Büro«. Dabei zeichne sich, trotz der guten Erfahrungen der Pandemie-Zeit, eine klare Tendenz gegen das Homeoffice ab: »Die überwiegende Mehrheit der Firmen wolle, dass die Angestellten wieder mindestens 70 bis 80 Prozent vom Büro aus arbeiten.« Als Argumente dafür werden genannt: der spürbare Mangel an Kreativität, die Beeinträchtigung der Unternehmenskultur, die schwindende Loyalität bei den Angestellten und die größere Gefahr von Cyber-Attacken.

Doch die Mitarbeiter lassen sich bei der Rückkehr Zeit. Trotz des Wegfalls der gesetzlichen Einschränkungen arbeiteten etwa beim Rückversicherer Munich Re im September 2021 noch 90 Prozent der Angestellten von zu Hause aus. Wenn sie dort ihre Arbeit genauso effizient erledigen wie im alten Büro, wie will man sie dann überzeugen zurückzukehren? *Par orde du mufti,* also mit autoritärer Anweisung, wird das heutzutage nicht mehr gehen. In Zeiten der Agilität möchte der Angestellte solche Entscheidungen selber treffen. Er muss wieder Lust aufs alte Büro bekommen, es muss ihm schmackhaft gemacht werden. Bei der Deutschen Telekom versucht man das beispielsweise mit Kulturveranstaltungen und Achtsamkeitstrainings, die nun in den gähnend leeren Bürogebäuden angeboten werden.

Die Boston Consulting Group, eine führende globale Unternehmensberatung, geht davon aus, dass jeder zweite Arbeitnehmer auch langfristig im Homeoffice arbeiten will. Bei Online-Stellenausschreibungen hierzulande hat sich der Anteil derer, die eine Option auf Homeoffice ausdrücklich anbieten, zwischen 2019 und 2021 verdreifacht. Das sind zwar immer noch überschaubare 12 Prozent, aber die Zahlen, die das Ifo-Institut der deutschen Wirtschaft ermittelt hat, lassen erkennen, in welche Richtung es geht.

Es wird also, was die neue Normalität des Homeoffice betrifft, auf einen Kompromiss hinauslaufen. Vermutlich werden die nächsten Jahre eine Übergangsphase sein, in der eine hybride Arbeitskultur sich durchsetzt. Je nach individueller Verhandlungsbasis wird der Angestellte künftig eine Teilzeit- oder eine Vollzeitoption für das Homeoffice einfordern können. Die gesuchten IT-Talente dürfen es sich aussuchen, der austauschbare Sales-Mann muss schlucken, was die Firma ihm anbietet. Zugleich wird, analog zur Entwicklung bei Großraumjets für Business-Flüge, ein schleichender Abbau der Büroflächen einsetzen. Die Unternehmen werden begreifen, was für Kosten sie hier einsparen können. Und sie werden merken, wie viel leichter es ihnen fällt, sich von Mitarbeitern zu trennen, die physisch nicht mehr anwesend sind. Für die kontrollversessenen Manager der mittleren Hierarchieebenen brechen harte Zeiten an. Sie werden die Ersten sein, die nicht mehr gebraucht werden.

Die neuen Bürokomplexe, die entstehen, darf man sich dann eher campusartig vorstellen, angelehnt an die schon existierenden Co-Working-Spaces. Sie werden Arbeitsinseln für Projektteams haben, vernetzte Konferenzräume und motivierende Meeting Points. Vielleicht werden sie von Firmen nur noch tageweise gebucht, wie Hotelzimmer. Es werden Orte sein, die die Angestellten gern aufsuchen, wenn ihnen zu Hause die Decke auf den Kopf fällt, Orte des kreativen Austauschs und der persönlichen Kontaktpflege. Die Politik wird das Recht auf Homeoffice weiter unterstützen, wenn sie sich sicher ist, dass eine Mehrheit das will. So wie sie es jetzt bereits zaghaft tut. Einen Rechtsanspruch auf 24 Tage mobiles Arbeiten sieht ein von der SPD eingebrachter Gesetzentwurf vor, der den Bundestag wohl demnächst passieren wird.

Und die Angestellten? Die werden noch agiler werden und sich daran gewöhnen, künftig weitgehend selbstgesteuert in Projekten und Prozessen zu agieren statt in starren Teams und Hierarchien. Die am Horizont erscheinende digitale Plattformökonomie, in der schon heute jeder Autobesitzer ein potenzieller Uber-Taxiunternehmer, jeder Wohnungseigner ein Airbnb-Hotelier ist, wird sie zu Maklern ihrer Arbeitskraft im Geflecht der Nachfragen machen – jeder wird zum Mini-CEO des eigenen Ich. Die Verschmelzung von Beruf und Privatleben, das Work-Life-Blending, wird fortschreiten, parallel wird sich die Resilienz des Einzelnen gegenüber digitalen Überforderungen stärker ausbilden.

Immer sichtbarer wird dabei die Freizeit zum Innovationstreiber und Labor der Arbeitswelt werden. Was mit Tischkickern und infantilen Klebezetteln in Workshops so harmlos begann, wird sich zum Großtrend der Gamification auswachsen. Spielerische Elemente werden zunehmend den digitalen Arbeitsalltag prägen, sei es als Ranking, Challenge oder Aufgaben-Parcours. Die Quantifizierung und Optimierung, die mit der digitalen Selbstvermessung zunächst die Privatsphäre eroberte (Schritte und Kalorien zählen!), wird auch im Job Einzug halten. Die Daten, die der Angestellte erzeugt, werden, wie beim Thermostat, zu seiner eigenen Steuerung verwendet und mithilfe von Assistenzsystemen eine digitale Kette aus endlosen Feedback-Loops schmieden. »Du hast heute erst 30 Minuten an deiner Präsentation gearbeitet. Benötigst Du mentale Unterstützung?«, erkundigt sich Siri dann besorgt.

Die digitale Zweiteilung der Gesellschaft, die heute schon darüber entscheidet, wer überhaupt im Homeoffice arbeiten kann und wer nicht, wird sich weiter verfestigen. Zeit- und ortssouveränes Arbeiten ist zum Privileg der Besserqualifizierten geworden, deren Motivation sich gänzlich vom äußeren Druck ins Innere verlagert hat. Die Angestellten fühlen sich freier als je zuvor, ebenso wie die Unternehmen, für die sie arbeiten. Die Firma hat sich entmaterialisiert, ist immer weniger an einen fest bestimmbaren Körper gebunden. Das Büro ist dann kein Ort mehr, an den man gehen kann. Kein Halt, nirgends.

Matthias Eckoldt

Kritik der
digitalen Unvernunft

Warum unsere Gesellschaft auseinanderfällt

84 Seiten, Kbr, 2022
ISBN 978-3-8497-0415-5

Das Vertrauen in die Institutionen von Staat, Medien und Wissenschaft hat in Teilen der Bevölkerung während der Corona-Pandemie weiter abgenommen. Paradoxerweise in einer Krise, in der Zusammenhalt, koordiniertes Handeln und Aufklärung die entscheidenden Werkzeuge zu ihrer Bewältigung waren.

In seinem Essay sucht der Wissenschaftsautor und Medientheoretiker Matthias Eckoldt nach Gründen für diese neue Form der Irrationalität. Dazu taucht er tief hinab in die Strukturen des digitalen Kapitalismus, der die User:innen auf bizarre Weise zur freiwilligen Teilnahme an Experimenten zur Verhaltenssteuerung verführt, um daraus schwindelerregende Profite zu schöpfen. Die sogenannten sozialen Medien fungieren in diesem Prozess als virtuelle Trainingscamps für Extremist:innen, die stabilisierende Rolle der Massenmedien verliert an Tragkraft. Es zeichnet sich ein Bewusstseinswandel ab, und eine ganze Kulturepoche scheint ihrem Ende entgegenzutaumeln.

Carl-Auer Verlag • www.carl-auer.de

Markus Gabriel | Matthias Eckoldt

Die ewige Wahrheit
und der neue Realismus

Gespräche über (fast) alles, was der Fall ist

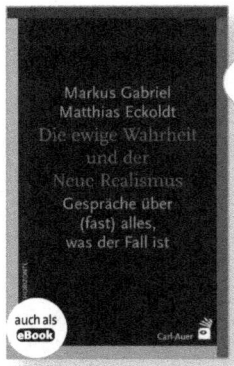

„Markus Gabriel ist der Mozart der Philosophie."
arte

262 Seiten, Kt, 2019
ISBN 978-3-8497-0312-7

Dies ist das erste Buch, in dem das philosophische Konzept des Neuen Realismus ausführlich und aus erster Hand beschrieben wird. In den intensiv geführten Diskussionen zwischen dem Initiator des Neuen Realismus, dem weltweit renommierten Philosophieprofessor Markus Gabriel, und dem Wissenschaftsautor Matthias Eckoldt wird die Notwendigkeit einer Wende in der Philosophie aus der langen abendländischen Denktradition abgeleitet und das Konzept auf unsere Gegenwart angewendet. Die Dialogform ermöglicht dabei eine detailreiche Ausleuchtung vieler Facetten des Neuen Realismus. Dabei werden Grundfragen der Philosophie und Erkenntnistheorie ebenso aus neuer Perspektive betrachtet wie politische und gesellschaftliche Herausforderungen. Die Feuertaufe erfährt das Denkmodell in diesem Buch angesichts der Bedrohung der menschlichen Freiheit durch demokratiegefährdenden Populismus und transhumane Visionen aus dem Silicon Valley. Dabei stellt sich heraus, dass die Künstliche Intelligenz niemals intelligent sein wird. Auch zeigt das Buch, warum es die Welt gar nicht gibt, wie der menschliche Geist die Physik aushebelt und wie man durch einen Wassertropfen im Auge zum Philosophen werden kann.

 Carl-Auer Verlag • www.carl-auer.de